CANAL DE JONCTION

DE

LA GARONNE A LA LOIRE

(LOI DU 5 AOUT 1879)

CANAL INTERNATIONAL

DE

BORDEAUX A L'EUROPE CENTRALE

D'APRÈS LE TRACÉ INDIQUÉ

Par BRISSON

Dans son « Essai sur le Système général de la Navigation intérieure de la France »

RELIANT

BORDEAUX, A MULHOUSE, STRASBOURG ET BALE

Avec Cartes

Prix : 1 franc

PARIS

LIBRAIRIE NOUVELLE

15, BOULEVARD DES ITALIENS, 15

—

1881

SOMMAIRE

NOTE PRÉLIMINAIRE

Une Réunion de propriétaires, de commerçants, de chefs d'industrie et d'hommes politiques, appartenant aux Départements du Sud-Ouest, du Centre et de l'Est,

Croit devoir appeler l'attention du Gouvernement et des Chambres, sur les Considérations présentées dans cette Notice, au sujet de la direction à donner au **Canal de jonction du bassin de la Garonne au bassin de la Loire.**

On y verra, que les *Tracés* mis en avant jusqu'ici, tout en donnant une certaine satisfaction à quelques départements, laissent de côté les intérêts d'autres départements aussi nombreux, et qui ont autant de droits que les premiers à jouir des bienfaits du Canal, à raison de leur position géographique, et surtout de l'inégalité de traitement dans laquelle ils ont été depuis si longtemps maintenus dans la répartition générale des voies nouvelles de communication.

On se propose de démontrer, dans cette Notice, que :

1° Comparaison faite avec les autres tracés en présence, le tracé du « Canal de jonction de la Garonne à la Loire », par les **Vallées de la Dordogne, de la Sioule et de la Bèbre,** tout en desservant d'aussi nombreux départements que les autres tracés, remplit mieux qu'aucun d'eux, le vœu de la loi du 5 août 1879 : « d'ouvrir, par un Canal de jonction » de la Garonne à la Loire, un débouché aux voies navigables

» du Sud-Ouest, qui sont actuellement privées de communica-
» tion avec le reste du réseau. »

2° Il nous ouvre une voie de **Transit** inappréciable, au moment où, sur nos frontières de l'Est, les plus grands efforts sont tentés, par nos voisins, pour établir un Système complet de voies de communication avec **l'Alsace-Lorraine** et **la Suisse**, dont la conséquence sera, si nous n'y prenons garde, de nous enlever tout ou la plus grande partie de notre commerce et de notre **transit**, avec ces deux pays, qu'il nous importe, par tant de considérations, de conserver et d'augmenter.

3° Au point de vue des intérêts généraux du pays, Commerciaux, Industriels et Agricoles, la supériorité de ce tracé est incontestable.

Il en est de même, et tout particulièrement, au point de vue de nos intérêts stratégiques.

4° Les diverses objections techniques que ce tracé peut soulever trouvent leur réfutation, soit dans **des faits reconnus et expérimentés**, soit dans la **possibilité d'application des nouveaux procédés d'exécution adoptés aujourd'hui par la science.**

D'ailleurs, il résulte des études antérieures de l'Administration et des études nouvelles, que les dépenses auxquelles la construction du Canal donnera lieu n'excéderont pas le chiffre des dépenses nécessitées par l'un ou l'autre des tracés concurrents.

5° En outre, ce tracé a pour lui l'avantage d'être **tout étudié**.

6° Enfin, il se recommande à l'attention des Pouvoirs Publics, du patronage d'un maître de la Science, à l'autorité duquel les plus illustres de nos ingénieurs rendent hommage, et qui avait reconnu, dès son temps, l'incontestable nécessité de la création de ce **Canal international**, nécessité, aujourd'hui, bien plus indispensable encore.

Que si, l'Administration entendait, en adoptant l'un ou l'autre des autres tracés, accorder une satisfaction aux quelques départements qui y sont plus particulièrement intéressés, il y aurait lieu, à raison de la satisfaction plus large et plus complète assurée au pays par le Tracé soutenu par cette Notice, et de l'intérêt public engagé dans la question,

De demander au Gouvernement et aux Chambres, l'adjonction du **Canal international**, que ce Tracé constitue, au Programme des grands travaux de Canalisation énumérés dans la loi du 5 août 1879.

La Notice fait connaître, dans son **Résumé**, les voies et moyens dont le Gouvernement pourrait disposer, dans ce cas, pour l'exécution et l'exploitation du Canal.

Paris, Décembre 1880.

N. B. — **Adresser** toutes communications, à M. CHENIER, au Siège provisoire de la Société d'études du *Canal de la Garonne à la Loire*, 25, avenue Marigny, à PARIS.
Les lettres *non affranchies* ne seront pas reçues.

CANAL DE JONCTION

DU

BASSIN DE LA LOIRE AU BASSIN DE LA GARONNE

(LOI DU 5 AOUT 1879)

NOTICE

Sur les divers tracés en présence pour l'établissement de cette voie navigable.

EXPOSÉ

La loi du 5 août 1879, relative au classement et à l'amélioration des voies navigables, a classé, N° XXVI, comme ligne nouvelle principale, la *Jonction du bassin de la Loire au bassin de la Garonne*

Un Tableau, annexé à la loi, énumère les projets de travaux de construction ou de transformation de voies navigables, aux études et à l'instruction desquels il sera procédé, de manière à ce que ces voies navigables satisfassent aux conditions énumérées dans l'article 2 (1).

L'article 7 dispose que « les travaux de construction ou de trans-
» formation desdites voies seront exécutés successivement, *en*
» *tenant compte de l'importance des intérêts engagés, ainsi*
» *que du concours financier qui sera offert par les départe-*
» *ments, les communes* ET LES PARTICULIERS.

Les projets de travaux relatifs à la Jonction de la Loire et de la

---

(1) Art. 2. — Les lignes principales doivent avoir au *minimum* les dimensions suivantes :

Profondeur d'eau....................................	2 m.	»
Largeur des écluses.......	5	20
Longueur des écluses, entre la cor le du mur de chute et l'enclave des portes d'aval....................................	38	50
Hauteur libre sous les ponts (pour les canaux)............,.......	3	70

Garonne sont désignés, dans le Tableau annexé à la loi, sous les rubriques suivantes :

Loire à la Garonne, à la Charente et à la Sèvre-Niortaise.

Construction d'un canal destiné à mettre en communication le bassin de la Loire avec celui de la Garonne.

Embranchement de ce canal sur Niort, reliant le port de La Rochelle au réseau intérieur de navigation.

Prolongement du canal latéral à la Loire, de Roanne à la Fouillouse.

Le canal est destiné à relier le bassin industriel de Saint-Etienne avec le canal latéral à la Loire. Il devra être prolongé jusqu'au Rhône et réunira ce fleuve à la Loire.

Loire (latéral à la).

Construction d'un canal latéral à la Loire, entre Combleux et Nantes.

D'un autre côté, dans les projets de travaux relatifs à l'amélioration des rivieres, énumérés dans ledit Tableau, figure sous la rubrique : « Désignation des voies navigables », le projet suivant :

DORDOGNE. — *Augmentation du tirant d'eau entre Souillac et Libourne.*

TRACES EN PRÉSENCE, POUR LA DIRECTION A DONNER
AU CANAL DE JONCTION

Historique.

Avant l'avenement des Chemins de fer en France, de grands projets de Canalisation intérieure avaient été préparés par l'Administration des Travaux publics, de 1820 à 1838. Les ingénieurs Brisson, Dutens, Deschamps, avaient étudié les tracés des nouveaux canaux à créer. L'illustre Brisson, en particulier, dans son *Essai sur le Système général de la Navigation intérieure de la France,* avait déterminé les tracés de la plupart de ces canaux, qu'il avait divisés, en Canaux de première et de deuxième classe, et destinés, en reliant entre eux les tronçons isolés qui composaient alors notre Canalisation intérieure (laquelle, d'ailleurs, à quelques améliorations pres, est restée encore aujourd'hui telle qu'elle existait à cette époque), à compléter notre réseau de voies navigables.

Un projet de loi, présenté à la Chambre des députés, le 15 février 1838, et relatif à la Navigation interieure et aux Chemins de fer, résumant les diverses études, faites jusqu'alors, des canaux à créer, et, les coordonnant entre elles, dressait le Programme général de notre Canalisation intérieure. Elle comprenait un développement de 9,000 kilomètres, dont 4,000 kilomètres, environ, de voies nouvelles ; et exigeait, y compris les fonds déjà votés pour divers canaux en construction, une dépense de *700 millions*, somme à peu près égale, en tenant compte de la valeur de l'argent aux deux époques, de 1838 et d'aujourd'hui, aux prévisions de la loi du 5 août 1879.

Il est assez curieux de constater que, dans le projet de loi de 1838, figure, comme la **première ligne à créer**, la ligne de **Bordeaux à Bâle et Strasbourg**, ou de **l'Océan à la frontière de l'Est**, qui est décrite de la maniere suivante :

Cette ligne se compose, dit le projet de loi de 1838 :

1º D'un canal de jonction de la Gironde à la Dordogne, entre Bordeaux et Cubzac ;

2º De la navigation de la Dordogne, de Cubzac à l'embouchure de la Vezère ;

3º D'un canal latéral à la Dordogne, depuis le confluent de la Vezère jusqu'à celui du Chavanon ;

4º D'un canal de jonction de la Dordogne à l'Allier, par le Chavanon, le Sioulet et la Sioule ;

5º D'un canal de jonction de l'Allier à la Loire, par la Bèbre ;

6º Du canal latéral à la Loire, depuis l'embouchure de la Bèbre jusqu'à Digoin ;

7º Du canal du Centre, de Digoin à Chalon-sur-Saône ;

8º De la navigation de la Saône, de Chalon à Saint-Symphorien ;

9° Du canal du Rhône au Rhin, de Saint-Symphorien au bassin de Mulhausen :

10° Du canal latéral au Rhin, du bassin de Mulhausen, soit vers Bâle, soit vers Strasbourg (1).

Telle était la direction donnée, dans le projet de loi de 1838, au « Canal de jonction du bassin de la Garonne au bassin de la Loire. » direction qui donnait ainsi, à ce canal, le caractère d'un **Canal international.** et qui lui assignait, à ce titre, le premier rang dans le programme de notre navigation intérieure.

Telle est encore, comme on le verra plus loin, la direction donnée au **tracé** que soutient la présente Notice, pour le même « Canal de jonction de la Garonne à la Loire » compris dans la loi du 5 août 1879.

L'établissement des Chemins de fer et leurs développements successifs, soutenus, avec grande raison d'ailleurs, par les larges subventions de l'Etat qui les leur prodigua, sous toutes les formes. devaient porter, et portèrent en effet, un coup mortel à ce vaste programme de Canalisation. Projets et études, désormais abandonnés, restèrent, dès lors, ensevelis dans les archives de l'Administration.

Ces projets et ces études furent remis en lumière par la loi du 5 août 1879, qui, en complétant la loi relative au classement du troisième réseau de nos Chemins de fer, est venue couronner l'œuvre de l'Organisation générale de nos voies de transport ; organisation féconde, à laquelle M. de Freycinet aura l'honneur d'avoir attaché son nom.

C'est, en effet, à divers projets de canaux compris dans le programme de 1838, la plupart basés sur les études de Brisson qui en avait indiqué les *tracés* dans son « *Essai* », que sont empruntés, au moins dans leurs lignes principales. les trois **Tracés** décrits dans l'Exposé des motifs de la loi du 5 août 1879. pour le Canal de jonction dont il s'agit.

Or, il est à remarquer, que les divers projets auxquels ont été faits ces emprunts s'appliquaient, dans la pensée de Brisson. comme ils s'appliquent, du reste. dans le Projet de loi de 1838, à des directions complètement différentes de celle qu'il aurait été naturel d'avoir en vue pour le Canal en question ; car ils s'appli-

(1) *Moniteur universel* du vendredi 16 février 1838. (Supplément A.)

quent à des lignes devant se diriger : de Bordeaux a Dunkerque, au Havre, à Caen, à Nantes et à Saint-Malo ; tandis, qu'on ne s'est pas arreté au tracé magistral que Brisson a determiné, dans son « *Essai* », précisément pour ce « Canal de jonction de la Garonne a la Loire, » sous la rubrique de : **Onzième ligne : de Bordeaux à Bâle** ou **Huningue**, et qui n'est autre que celui que nous avons indiqué plus haut, et qu'a consacré le projet de loi de 1838.

Encouragés par l'accord intervenu entre le Gouvernement et les Chambres, lors de l'adoption de la loi du 5 août, et qui a consisté à *réserver expressément le tracé définitif du Canal*, et à stipuler que la désignation « de la Loire à la Garonne » n'engageait aucun tracé « parmi ceux qui étaient en présence, ou qu'un examen plus » approfondi ferait découvrir» (Rapport de l'honorable M. Cuvinot, au nom de la Commission du Sénat.) (1), les auteurs de la présente Notice ont pensé qu'il était indispensable d'apporter à la question, un nouvel élément de discussion, en mettant en parallèle avec les trois tracés indiqués dans l'Exposé des motifs, le **Tracé** spécialement déterminé par Brisson pour le Canal en question.

Outre l'autorité qui s'attache au nom du grand ingénieur, une autre considération les a portés à mettre en lumière ce quatrieme tracé. Les études, en effet, en ont été déja faites sur le terrain ; elles sont devenues la base d'un avant-projet complet dressé sur les ordres de l'Administration, par MM. Blondat, ingénieur ordinaire, et Spinasse, ingénieur en chef, avec plan général, profils, types d'ouvrages d'arts et rapports à l'appui.

Enfin, le projet de ce Canal a eu l'honneur de prendre place et de figurer au premier rang, comme on l'a vu, dans le projet de loi de 1838, relatf à notre Navigation intérieure.

Les auteurs de la présente Notice doivent à la bienveillante autorisation de l'honorable M. Varroy, Sénateur, ancien Ministre des Travaux publics, d'avoir eu communication de cet important avant-projet qui leur parait, moyennant les **modifications** qui y ont été apportées, applicable, de tous points, a la solution poursuivie aujourd'hui ; et devoir réaliser, en outre, le plan grandiose conçu par l'illustre Brisson, **d'un Canal International** appelé à desservir les plus importants intérêts du pays.

---

(1) Voir aux ANNEXES, à la fin de la Notice. *Annexe* A.

Quatre tracés sont donc en présence ; ils ont tous Libourne pour point de départ.

1° Le premier, d'après l'Exposé des motifs, remonterait l'Isle et la Dronne, passerait à Ribérac, Angoulême, Ruffec, Poitiers et Châtellerault, et viendrait se relier au canal latéral à la Loire, entre Tours et Saumur. Un embranchement partant de Niort se rattacherait à cette ligne principale, en sorte que la jonction serait simultanément établie entre la Charente et la Sèvre-Niortaise.

2° Le second tracé remonterait l'Isle jusque vers Saint-Yrieix, passerait à proximité de Limoges et de Guéret, et viendrait se relier au canal de Berry, à Montluçon.

3° Un tracé *intermédiaire* entre les deux premiers, remontant l'Isle et la Dronne, passerait à proximité de Limoges, se dirigerait vers Montmorillon et le Blanc ; et s'infléchirait, de là, vers Châteauroux, pour venir se raccorder, comme le précédent, au canal de Berry, vers Saint-Amand.

4° Enfin, le quatrième tracé, celui de Brisson, que soutient la présente Notice, part également de Libourne, et consiste à faire suivre à la Canalisation les vallées de la Dordogne, du Chavanon, de la Sioule et de la Bèbre, pour aboutir a *Diou, pres Digoin, sur le Canal latéral à la Loire ;* tracé, qui a pour résultat de relier, plus directement qu'aucun autre, Bordeaux avec le bassin supérieur de la Loire et les **au delà**, c'est-à-dire avec nos départements de l'Est et du Sud-Est, d'abord : puis, avec l'Alsace-Lorraine, l'Allemagne centrale et la Suisse.

Pour mémoire, notons un tracé qui peut être considéré comme une *Variante* des deuxieme et quatrieme tracés, et dont il est fait mention dans le rapport présenté par l'honorable M. Patissier, au nom d'une des Sous-Commissions instituées par la Commission chargée par la Chambre des Députés d'examiner les voies navigables des divers bassins, énumérées dans le Projet de loi.

Ce tracé aboutirait, comme le deuxieme, à Montluçon ; mais, la voie fluviale, se prolongeant par la *Dordogne jusqu'à Bort*, irait de là rejoindre, par un canal à grande section, le centre houiller à Montluçon.

De ces divers tracés, les études d'un seul, comme nous l'avons dit, sont faites, celles du quatrième, indiqué par Brisson, et consistent dans l'avant-projet, **modifié**, de MM. Blondat et Spinasse.

M. Dingler, ingénieur en chef des Ponts et Chaussées, a été chargé, par arrêté du 10 février 1880, d'étudier les trois autres.

Quant au tracé signalé dans le rapport de l'honorable M. Pa-

tissier, il en existe une étude sommaire faite en 1872, sous la dénomination de : « *Canal de Souillac à Montluçon* », par MM. Marie,
ingénieur ordinaire, et Cabarrus, ingénieur en chef. Il en sera
question, plus loin, dans cette Notice.

EXAMEN DE LA VALEUR DES TRACÉS EN PRÉSENCE

On se propose, dans cette Notice, d'examiner la valeur de ces
divers Tracés,

Au point de vue de la mesure dans laquelle chacun d'eux remplit le but que s'est proposé la loi du 5 août 1879 ; mesure déter-
minée par la somme de satisfactions donnée aux intérêts généraux
du pays, agricoles, industriels, commerciaux, stratégiques, que le
Canal en question est appelé à desservir.

Etudes des divers tracés.

Il résulte du Rapport de M. Dingler, ingénieur en chef des Ponts
et Chaussées, chargé d'étudier les trois tracés indiqués dans l'Exposé
des motifs, que les trois directions auront pour point commun le
cours maritime de l'Isle, compris entre Libourne et Coutras.

Dans les trois hypothèses, dit le rapport, le bec d'Ambes sera
coupé près de Saint-André-de-Cubzac : la communication entre la
Garonne et la Dordogne serait ainsi assurée, tant pour la batellerie
que pour les navires d'un tonnage en rapport avec le tirant d'eau
disponible dans la Dordogne, au moment des pleines mers de
petites vives eaux.

**Comme on le verra plus loin, le quatrième tracé
comporte aussi cette coupure, indiquée également
par Brisson.**

Le tracé à rechercher, dit M. l'ingénieur en chef, doit en outre,
conformément aux prévisions de la loi du 5 août 1879, desservir
les intérêts du port de Rochefort par la Charente, et ceux de La Rochelle par le canal de Marans et la Sèvre-Niortaise (1).

_____

(1) Il est à remarquer que, dans les prévisions de la loi, le port de La Rochelle est seul désigné nominativement ; les prévisions de la loi consistent,
pour Rochefort, en *Augmentation du tirant d'eau de la Charente, dragages,
améliorations diverses.*

Les trois tracés étudiés par M. Dingler sont définis de la maniere suivante :

1° Le tracé vers Candes, passant par Angoulème, Poitiers et Chatellerault.

Ce tracé suit la Dronne et la Nizonne, atteint le premier bief de partage à Ronsenac, descend la Boême, suit le cours de la Charente jusqu'à Saint-Macou, remonte vers Champagné-le-Sec, où se trouve le deuxième bief de partage, descend la vallée du Clain. et suit la Vienne jusqu'à Candes (confluent de la Vienne et de la Loire).

Deux variantes par la vallée de la Tude et par la Vienne sont à l'étude.

2° Le tracé vers Montluçon, par Périgueux et Limoges.

Ce tracé suit la vallée de l'Isle, descend la vallée de la Briance, remonte les vallées de la Vienne et du Thorion ; puis, par une vallée secondaire, atteint le col de Franseches; descend vers la Creuse qu'il traverse à grande hauteur, remonte vers Fressignes. descend à Montluçon par les vallées d'Austrille, de la Voyeuse. de la Tarde et du Cher.

Une variante par Treignat et la vallée de la Magieure est egalement à l'étude.

3° Tracé vers Saint-Amand-Montrond, dit : le tracé *intermédiaire*, passant par Angoulème, Confolens, Châteauroux, Issoudun.

Ce tracé, comme le premier, suit la Dronne et la Nizonne jusqu'à Ronsenac ; à partir de ce point, reste à une cote élevee et atteint le deuxieme bief de partage près de Romazières.

A partir du deuxième bief de partage, il suit la rive gauche de la Vienne, traverse cette riviere en face de Millac, suit la rive droite de la Vienne, puis se dirige vers Châteauroux. passe à Issoudun et aboutit à Saint-Amand-Montrond.

Une variante entre Issoudun et Bourges est à l'étude.

Dans la premiere hypothese, Rochefort serait desservi par la Charente qui est déjà navigable, et qui doit recevoir les ameliorations nécessaires pour que les conditions exigées pour les grandes voies navigables y soient réalisées.

Les communications du port de La Rochelle avec la ligne principale seraient obtenues par l'amélioration de la Sevre-Niortaise entre Niort et Marans, par la canalisation du cours supérieur de cette riviere, et par un canal aboutissant au bief de partage de Champagné-le-Sec.

Dans la deuxième hypothese, la Charente serait reliée à la Vienne

par un canal établi dans la vallée du Son, et remontant la vallée
de la Vienne jusqu'à la Briance, où serait opérée la jonction avec
le canal principal. Les intérêts de La Rochelle seraient d'ailleurs
sauvegardés par le prolongement du canal de la Sèvre.

Dans la troisième hypothèse, la jonction de la Charente au canal
principal serait assurée par un canal latéral à la Touvre ; la jonction avec la Sèvre-Niortaise se ferait dans les mêmes conditions
que dans la première hypothèse. Le canal faisant suite à la Sèvre
supérieure serait seulement prolongé jusqu'à Availles.

Cette solution, dit M. Dingler, permettrait de donner entière
satisfaction aux intérêts de Limoges, par une branche partant
du deuxième bief de partage, et suivant la rive gauche de la
Vienne (1).

Tels sont les résultats des premières études faites par l'Administration pour les trois tracés indiqués dans l'Exposé des motifs.

4° Tracé par les vallées de la Dordogne, de la Sioule, du Chavanon et de la Bebre.

Comme nous l'avons fait pour M. l'ingénieur en chef Dingler,
nous laissons, ici, parler Brisson lui-même, pour la définition de son
tracé.

« Je pense, dit-il, que l'on peut chercher à établir cette ligne
» navigable, en remontant la vallée de la Dordogne, et en la faisant
» communiquer à celle du Sioulet, par laquelle on arrive succes-
» sivement à la Sioule, à l'Allier et à la Loire ; de la Loire on
» communique à la Saone par le canal du Centre, etc., etc.

» La navigation de Bordeaux à Libourne, dit-il, a lieu par la
» Garonne et la Dordogne ; on peut épargner, *par une coupure,*
» *une grande partie du détour du bec d'Ambès* (2).

» De Libourne, on remontera la Dordogne jusqu'au point où elle
» a cessé d'offrir une navigation facile et que nous supposerons
» *trouver à l'embouchure de la Vezère.* De là, le canal latéral
» commencera son cours, en suivant la droite du même fleuve, et
» il remontera la vallée jusqu'à l'embouchure de la petite rivière

_____

(1) On verra, plus loin, que dans l'hypothèse du quatrième tracé, la même
satisfaction pourrait être donnée aux intérêts de Limoges.

(2) On pourrait éviter, dit Brisson, les cinq lieues de détour à faire par le
bec d'Ambès, pour gagner Bordeaux « par une coupure qui prendrait les
» eaux de la Dordogne au-dessus du pont de Cubzac et au S.-E. de la route
» de Paris à Bordeaux, contournerait les coteaux qui séparent les deux fleuves
» et retomberait dans la Garonne, au-dessus du village de Saint-Louis-de-
» Monferrand. Elle aurait 8 kilomètres de longueur, avec une faible diffé-
» rence de niveau entre les extrémités, mais elle exigerait toujours deux
» écluses de garde. »

» de Chavanoux (1), à quatre lieues au nord de Bort. Il continuera
» en suivant la vallée du Chavanoux, jusqu'à une lieue du village
» de La Roche. Là, il prendra un petit vallon au N.-N.-E., pour se
» diriger sur le sommet d'un autre petit vallon à l'O. du village de
» Vernugeot. On pense que pour franchir le faîte il faudra percer,
» dans l'endroit où la crête est la plus étroite, un souterrain qui
» pourra avoir, au plus, 2,500 m. de longueur.

» Le bief de partage situé en ce point pourra être alimenté
» par quatre rigoles. Une d'elles, dirigée au N., contournera
» la hauteur sur laquelle est Giat, et recueillera les eaux des
» deux ruisseaux entre lesquels elle est placée. Une seconde,
» dirigée à l'E., contournera également la hauteur sur laquelle
» est Herment, et amenera les eaux des ruisseaux de Saint-
» Germain et de Tortebesse ; une troisieme s'étendra au S.-O.,
» prendra les eaux des ruisseaux de Salesse et de Flayat, à
» une lieue du bief de partage, et celles du ruisseau de Beth
» ou Miousette, à une demi-lieue au-dessous de ce village. Ces
» trois premieres rigoles auront ensemble 61 kilometres de dé-
» veloppement et réuniront les eaux de douze lieues carrées de
» pays. La quatrieme, qu'on pourrait tracer au S., recueillerait les
» eaux qui tombent des montagnes d'Auvergne dans le Chava-
» noux, et, passant pres de Bourg-Lastic, elle irait dériver à l'aide
» d'une coupure à une lieue, à l'E., du village de Messeix, des
» eaux de la Dordogne prises au-dessus de Sainte-Sauve. Cette der-
» niere rigole aurait, à elle seule, 65 kilomètres de développement,
» et pourrait amener au point de partage les eaux de pres de dix
» lieues carrées de pays. Mais il est probable qu'on pourrait s'en
» épargner la dépense, et que les trois premieres seraient suffi-
» santes.

» La vallée de la Dordogne étant tres resserrée en quelques
» endroits, on pense qu'on ne pourra pas se dispenser d'y établir,
» sur divers points, la navigation dans le lit même de la riviere,
» au moyen de barrages et d'écluses submersibles, ainsi qu'on l'a
» pratiqué sur le Doubs.

» Cette observation s'applique également à la partie du canal
» dont nous allons parler et qui doit être ouvert dans les vallées
» du Sioulet et de la Sioule.

» Au point de partage, le canal descendra dans la vallée du Siou-
» let; et, de là, dans celle de la Sioule qu'il suivra sur la rive droite

---

(1) Ou Chavanon.

» autant qu'on le pourra ; il sera ainsi continué jusqu'à deux lieues
» au-dessous d'Ebreuil. On pourrait descendre toujours le long de
» la Sioule, et ensuite le long de l'Allier, jusqu'à sa réunion à la
» Loire qu'on remonterait jusqu'à Digoin. Mais, je crois qu'il est
» possible d'arriver à ce dernier point en abrégeant le chemin, de
» près de **trente lieues**, par la direction que je vais indiquer.

» Arrivé le long de la Sioule, à deux lieues au-dessous d'Ebreuil,
» le canal sera soutenu sur le coteau à droite de la Sioule, pour
» être dérivé dans le vallon de la rivière d'Andelot. On passera
» sur la droite de cette dernière, qu'on suivra jusqu'à l'Allier, un
» peu au-dessous du point où elle y prend son embouchure.

« On traversera l'Allier, et l'on reprendra immédiatement la
» gauche du ruisseau du Valaçon qui passe à Varennes, et on
» le remontera jusqu'à son sommet au S. et près du village de
» Cindré. Là, il y aura un nouveau point de partage, et peut-être
» un souterrain de 1,000 mètres, au plus.

» Le canal entrera ainsi dans la vallée de la Bebre, et il y des-
» cendra par une suite de biefs convenablement distribués sur le
» coteau à gauche de cette rivière, dont il suivra la même rive
» jusqu'à Dompierre; près de cette ville, il traversera la Bèbre
» pour venir rejoindre le Canal latéral à la Loire, lequel il remon-
» tera jusqu'à Digoin.

» Le point de partage placé près de Cindré sera alimenté par
» trois rigoles; la première ira prendre les eaux de la Bèbre au-
» dessus de La Palisse; la deuxième recueillera les eaux des ruis-
» seaux de Montaigu et de Ciernat; et la troisième amenera celles
» du ruisseau de Tréteaux. Ces trois rigoles auront ensemble
» 35 kilomètres de développement, et réuniront les eaux d'environ
» 14 lieues carrées de pays.

» En résumé, la communication de Bordeaux à la Haute-Loire
» présenterait 425 kilomètres de canal à ouvrir, dont 2,500 mètres
» en deux parties souterraines. »

En 1839, et sur les ordres de l'Administration, MM. Blondat,
Ingénieur ordinaire, et Spinasse, ingénieur en chef de la Correze.
s'inspirant des idées de Brisson, et appliquant sur le terrain le
tracé de l'illustre ingénieur, dressèrent, comme nous l'avons dit
plus haut, l'avant-projet complet de la canalisation dont il s'agit;
lequel, approuvé par le Conseil général des ponts et chaussées,
devint la base du projet de Canal inscrit, en première ligne, dans
le Projet de loi de 1838.

Cet avant-projet consiste :

1º Dans l'ouverture d'un Canal à grande section, ayant son point de départ à Souillac, et aboutissant par les vallées de la Dordogne, du Chavanon, du Sioulet, de la Sioule et de la Bebre, à Diou, pres Digoin, sur le Canal latéral de la Loire, et d'une longueur de.. . . . .   363 kil. 700 m.

En aval de Souillac, le projet se complete :

1º A partir de Libourne, par l'utilisation de la Dordogne (1) et du canal de Lalinde améliorés, sur une longueur de 119 kil. 875 m. (le canal de Lalinde y étant compris pour 15 kil. 375 m.), ci   119   875

2º Par un canal à créer de Mauzac à Souillac de.   62   »

N. B. Le point de depart de ce canal est à peu pres celui indiqué par Brisson ; c'est-à-dire un peu en aval de l'embouchure de la Vézere.

La longueur des deux canaux à ouvrir de Mauzac à Souillac (62 kil.) et de Souillac à Diou serait sensiblement, comme on le voit, celle indiquée par Brisson, 425 kil.

De sorte que la longueur totale de la voie navigable de Libourne à Diou serait de. . . . . .   545 kil. 575 m.

Dans l'avant-projet, les dimensions du Canal sont sensiblement les mêmes que celles prescrites par la loi du 5 août, c'est-à-dire de nature à permettre la circulation de bateaux portant 300 tonnes : ce sont les suivantes :

Largeur en gueule.	20 m.	»
Largeur au fond.	10	»
Profondeur d'eau.	2	50
Largeur de la banquette de halage.	5	»
Largeur du marchepied..	2	»
Longueur du sas des écluses..	35	»
Largeur des écluses.	6	»

Cette disposition avait pour objet de se réserver la faculté de rendre, par la suite, le canal praticable à des

(1) On a vu. dans le Tableau annexé à la loi du 5 août 1879, que la Dordogne, *fort négligée* jusqu'à présent, ainsi que le fait remarquer l'honorable M. Krantz, dans un de ses rapports à l'Assemblée nationale, en 1874, était comprise dans les travaux d'amélioration à exécuter pour : **une augmentation de tirant d'eau entre Souillac et Libourne.**

bateaux à vapeur d'une certaine dimension, sur toute son étendue.

Hauteur libre sous les ponts (pour les canaux) 4   »

Le Canal aurait, d'après le projet, deux biefs de partage ; l'un à Fayas, qui est à l'intersection des trois départements du Puy-de-Dôme, de l'Allier et de la Corrèze ; l'autre à Chaveroche-sur-Bebre, pour le passage de l'Allier dans la Loire.

L'alimentation du Canal serait d'ailleurs, ainsi qu'il sera dit ci-après, abondamment assurée pendant les plus basses eaux et de manière à répondre aux besoins de la plus grande circulation de bateaux.

D'après l'avant-projet, la voie navigable se développe tantôt en lit de rivière, tantôt en dérivation, suivant les difficultés rencontrées sur le terrain, ou les dommages riverains à éviter, seconde éventualité qui n'est généralement pas à craindre dans la plus grande partie du parcours de la ligne fluviale, par suite de la configuration des lieux traversés.

L'avant-projet comporte un souterrain à chacun des deux biefs de partage ; le premier, au bief de Fayas, de 2,350 mètres ; le second, à Chaveroche, de 2,225 mètres pour descendre de l'Allier à Diou, près Digoin, sur le canal latéral à la Loire, ensemble 4,575 mètres.

La largeur de chacun de ces souterrains est de 10 mètres, soit la même que celle adoptée pour le canal de Saint-Quentin. Sur les 10 mètres, il y a 8 mètres destinés au passage des bateaux, et 2 mètres à deux banquettes d'un mètre. Une seule banquette de 2 mètres pourrait avoir l'avantage de permettre le halage au moyen de chevaux, mais M. Blondat pense qu'il est préférable d'en faire deux, de 1 mètre, pour rendre le tirage plus droit.

La ligne droite adoptée pour le tracé de l'un et de l'autre de ces souterrains n'a pas seulement pour but le plus court chemin, mais encore de se donner la faculté d'employer pour le halage des bateaux un *câble sans fin*, qui serait mû par la chute du premier barrage de la Ramade. L'entrée et la sortie de ces souterrains sont placées au point ou la dépense du mètre courant de souterrain égale la dépense du mètre courant de tranchée.

Au sujet de l'objection qui pourrait être tirée de l'inconvénient d'être privé de la lumière du jour, dans les manœuvres à faire pour le passage des écluses établies dans les souterrains, M. Blondat fait remarquer, que l'objection perd de sa valeur en considérant que la manœuvre des écluses se fait, non par les mariniers, mais constamment par le même éclusier à qui la manœuvre en devient bientôt familière. Cette objection. d'ailleurs, n'en est plus une, aujourd'hui que l'on dispose des appareils de lumière électrique Jablochkoff (1).

L'avant-projet prévoit l'établissement, à des distances raisonnées, de *Gares* ou de *Ports*, où les bateaux trouveront sécurité en tous temps, et des communications assurées avec les voies de terre, pour les échanges. Il sera facile d'augmenter le nombre de gares ou ports prévus par le projet, si les besoins des pays traversés le rendent nécessaire ; les **modifications** apportées au projet, et dont il sera ci-après parlé, en comportent aux barrages à établir aux débouchés les plus importants des communications par terre, avec grues au besoin, pour les chargements et déchargements des marchandises. En un mot, les prévisions du projet comportent la réalisation des *desiderata* formulés par l'honorable M. Krantz au sujet de l'application d'un service de télégraphie spécial pour la voie d'eau, et des facilités à donner au commerce et à la batellerie que l'honorable M. Cuvinot, dans son rapport au Sénat, a résumées comme suit :

« 1º Tolérer les chargements et les déchargements sur tous les
» points de la voie navigable, ou cette tolérance n'entrave pas la
» libre circulation des bateaux.

» 2º Construire ou laisser *construire des ports* partout où ils
» seront utiles.

» 3º Provoquer l'établissement, par voie de concession aux par-
» ticuliers, de grues fixes ou mobiles mises à la disposition du
» public, moyennant péage, pour faciliter le chargement ou le
» déchargement des bateaux.

» 4º Favoriser le développement des entreprises de halage et
» l'emploi du touage sur chaîne noyée, ou *tout autre procédé de*
» *traction.*

» 5º Relier partout où la nécessité en sera reconnue, les voies
» navigables aux lignes de chemins de fer.

» 6º Enfin, prendre toutes les mesures administratives les plus
» propres à faciliter l'usage de la voie navigable et l'organisation
» de services de batellerie. »

L'itinéraire du tracé lui fait traverser des centres agricoles, commerciaux, industriels, relativement importants, et d'autres destinés, par la voie navigable, à le devenir davantage : tels que,

---

(1) Ce système d'éclairage pourra être appliqué, dans le cas où l'activité de la navigation réclamerait un service de nuit, dans tous les endroits nécessaires, Ports et Gares de stationnement.

en partant de Diou. Dompierre. Jalligny, Chaveroche, Varennes, Jauzat. sur la Sioule ; Ebreuil. Châteauneuf, Fayas pres Herment, Bort, Argentat. Beaulieu et Souillac ; et, au-dessous, les villes de Domme, Saint-Cyprien, Lalinde, Bergerac et Castillon. On doit y ajouter Saint-Pourçain, Bourg-Lastic, Messeix, Pontgibaud, dont les mines et les fonderies de plomb argentifère pourront être reliées au Canal, par une branche prenant son origine à la bifurcation de la Sioule, à Combs: Champagnac, dont la production houillere, sollicitée à la fois vers Limoges et les au delà, et vers Bordeaux, peut largement suffire à alimenter, au grand profit de l'industrie et de l'exploitation elle-même, le chemin de fer de Clermont à Tulle et le Canal en question.

A propos de Champagnac, l'ingénieur Blondat émet l'idée d'une modification qui pourrait être, dit-il, apportée au tracé de l'avant-projet et qui pourrait faire l'objet d'une étude ultérieure. Cette modification consisterait à couper, par un souterrain de 2,500 mètres de longueur environ, la presqu'île de Champagnac qui s'avance dans le Limousin, entre le soixantieme et le soixante-neuvième kilomètre. Elle pourrait avoir deux résultats importants : l'un pour l'industrie, en ce que ce souterrain, traversant par le bas, à 80 metres au-dessous de sa superficie, ce riche terrain houiller, on ouvrirait une voie d'écoulement aux eaux qui sont ordinairement le plus grand ennemi des mineurs. Le deuxieme avantage consisterait dans un *raccourcissement* assez notable qui pourrait se traduire par une économie de parcours de près de 6,000 mètres.

En résumé, le projet consiste, les eaux de la Dordogne, de Libourne jusqu'à Souillac, aménagées ainsi qu'il a été dit ci-dessus, dans l'établissement d'un Canal qui se compose de deux parties distinctes : la première, sur une longueur de 322 kilomètres, est comprise entre Souillac jusqu'à l'Allier, vis-à-vis Varennes, et forme un premier canal à point de partage, dont l'alimentation est fournie par les eaux de la Ramade, du ruisseau de la Miouzette et de celui de Feix.

Cette première partie du canal part d'un point pris en aval du pont de Souillac, et s'élève de 625 mètres pour arriver au point de partage de Fayas au moyen de 79 biefs ; passe en souterrain, sur une longueur de 2,350 metres, et descend à l'Allier, en rachetant une pente de 483 m. 48 par 78 biefs.

La seconde partie comprend depuis l'Allier jusqu'au canal latéral à la Loire, à Diou ; sa longueur est de 41 kilomètres, et forme un second canal à point de partage (Chaveroche), dont l'alimentation est fournie par les eaux de la Bebre, retenues pour pourvoir à tous les besoins, et en dehors des réservoirs, par un barrage de 4 metres de hauteur. Ce second canal part de la rive gauche de l'Allier, vis-à-vis Varennes, et s'élève jusqu'au point de partage de Chaveroche, au moyen de sept écluses, passe en souterrain sur 2,225 metres, et va se joindre au Canal latéral à la Loire, en rachetant une pente de 26 m. 53 par 9 écluses.

Nous avons dit les dimensions du Canal, des écluses et des souterrains. Le *maximum* de la hauteur des barrages pour l'établissement de la navigation en lit de riviere est, en général, dans l'avant-projet, de 6 metres au-dessus du bief inférieur : ces barrages forment déversoir, et sont, au moins, à 100 metres de distance des écluses.

Les barrages sur la Haute-Dordogne, le Chavanon et la Sioule devaient avoir, dans l'avant-projet, depuis 5 metres jusqu'à 14 mètres de hauteur, et consister en un mur de 3 metres d'épaisseur, accompagné d'un radier incliné, avec contre-radier à la suite, de 4 metres de longueur, placé au niveau de l'étiage inférieur. Ces barrages n'étaient projetés que dans les endroits où les gorges sont suffisamment resserrées, où elles présentent des épaulements de rocher, et ou le sol se prête à l'etablissement des écluses.

Afin de racheter la hauteur de ses chutes sur un parcours peu considérable, M. Blondat avait cru devoir recourir au système des *écluses en chapelet*, mis en pratique, d'ailleurs, et encore en usage sur quelques canaux; son application, du reste, ne dépassait pas un *maximum* de 4 à 6 écluses à la suite, et il n'en était pas placé dans les souterrains ou tranchées.

Ce système d'écluses, critiquable au point de vue de la dépense d'eau et de la gêne apportée a la navigation, a été supprimé dans les **modifications** à l'avant-projet, dont il sera parlé plus loin, et remplacé par des écluses a plus forte chute, munies d'**Ascenseurs hydrauliques**, système auquel se prête naturellement, comme on a pu déjà le pressentir, la disposition des lieux que nous avons fait connaitre ci-dessus.

———

Tels sont, dans leur économie générale, les differents **tracés** qui se trouvent en présence pour la direction à donner au Canal de jonction du bassin de la Garonne au bassin de la Loire. Nous dirons quelques mots, plus loin, de deux Contre-projets, dont l'un est celui signalé sommairement dans le rapport de la commission de la Chambre des Députés, et le second a été présenté, depuis la loi du 5 août, par une Conférence interdépartementale du Sud-Ouest.

OBJECTIONS RELATIVES A CHACUN DES TRACÉS

En indiquant les trois premiers tracés, l'Exposé des motifs signale les objections qui peuvent leur être opposées, et les auteurs de cette Notice n'ont pas la prétention de croire que le quatrième tracé, qu'ils proposent à l'Administration, ait le privilège d'en être seul exempt; nous les ferons également connaître, tout en conservant la ferme confiance que l'Administration et les Pouvoirs Publics reconnaîtront que ces objections ne peuvent être mises en balance avec les avantages que notre projet de Canal présente pour le pays.

Ainsi, dit l'Exposé des motifs, on reproche au tracé par Angoulême, Ruffec et Châtellerault de faire concurrence au Chemin de fer de Bordeaux à Paris et au cabotage de Bordeaux à Nantes, de traverser une contrée purement agricole pour laquelle il serait de peu d'utilité: enfin, de *s'écarter des régions houillères du Centre de la France, qu'il y aurait avantage à relier à Bordeaux.*

Le deuxième tracé vers Montluçon, par Périgueux et Limoges, est contesté, dit l'Exposé des motifs, parce qu'il se développerait en plein pays granitique, dans la région montagneuse du Centre de la France, et qu'il présenterait de telles difficultés par la multiplicité des écluses et le défaut d'alimentation, qu'il ne pourrait constituer une bonne voie navigable.

Le troisième tracé, dit: *intermédiaire*, entre les deux tracés ci-dessus, passant par Angoulême, Confolens, Montmorillon, Le Blanc, et s'infléchissant, de là, vers Châteauroux et Issoudun pour venir se raccorder, comme le deuxième, au canal de Berry, vers Saint-Amand, soulève, dit l'Exposé, quoique à un degré moindre, les mêmes objections que le deuxième tracé. Il présente un profil très accidenté et de sérieuses difficultés d'alimentation, *tout en établissant une communication moins directe entre Bordeaux et la région industrielle des* HAUTS BASSINS DE LA LOIRE, *et de ses affluents.*

Il nous paraît utile de noter cette dernière observation, qui place dans sa véritable lumière le but

que s'est proposé le législateur de 1879, dans la construction d'un Canal de jonction de la Garonne à la Loire.

Quant au quatrième tracé, direct, par les vallées de la Dordogne, de la Sioule et de la Bebre, et aboutissant à Diou, près Digoin, sur le Canal latéral à la Loire, les mêmes objections que celles opposées au tracé se dirigeant sur Montluçon, à part la question d'alimentation, ici, hors de conteste, peuvent lui être également opposées, à savoir : « Les difficultés qu'il présenterait par son dé- » veloppement en plein pays granitique dans la région monta- » gneuse du centre de la France », et même, il faut le dire, à de plus hautes altitudes, et « par la multiplicité des écluses » qui ne peut, dira-t-on, qu'en être la conséquence.

Heureusement, l'on peut relever à son profit et, *a fortiori*, cet avantage signalé par l'Exposé des motifs, en faveur du tracé sur Montluçon contre le tracé sur Saint-Amand : que ce quatrième tracé établit une *communication plus directe* que les premier, deuxième et troisième tracés, entre *Bordeaux et la région industrielle des hauts bassins de la Loire* ; et quant à l'objection tirée de la multiplicité des écluses, on verra que les **modifications** apportées à l'avant-projet de MM. Blondat et Spinasse en ont fait justice.

Délibérations des Conseils généraux, Chambres de Commerce, Municipalités, Conférences interdépartementales

Les Conseils généraux des divers départements intéressés se sont occupés de la question, et en ont fait l'objet de leurs délibérations dans leurs dernières Sessions d'avril et d'août 1880. Plusieurs Chambres de commerce, Chambres des arts et manufactures, Conseils municipaux, ont suivi l'exemple des Conseils généraux ; enfin, conformément à la loi du 10 août 1871, qui autorise de semblables réunions au sujet de questions d'Utilité commune, plusieurs Conférences interdépartementales, composées chacune de délégués de plusieurs Conseils généraux de la région du Centre, se sont constituées, à l'effet de délibérer également sur la question.

Les délibérations de ces diverses Assemblées, qui n'ont porté d'ailleurs *que sur les trois tracés indiqués par l'Exposé des mo-*

li/s, fournissent des éléments précieux d'appréciation sur la valeur respective de ces trois tracés.

Le fait saillant qui ressort de ces délibérations, c'est que le projet de canalisation par Angoulême, Poitiers, Châtellerault et Candes, soutenu seulement par les Conseils généraux des départements de la Charente et de la Vienne, est **unanimement** repoussé par les Conseils généraux et les autres Conseils élus, ainsi que par les Conférences interdépartementales qui, jusqu'à présent, se sont fait entendre. Toutes ces assemblées lui reprochent le choix de son point de jonction à la basse Loire, qui serait trop près de l'embouchure du fleuve. Sans doute, dit-on, le projet a pu séduire, par suite du peu d'élévation des collines du Poitou, qui présentent à peine 150 à 200 mètres de faîtes à franchir, et la facilité de raccordements qu'il présente avec les ports de Rochefort et de La Rochelle ; mais, outre, ainsi que l'a reconnu le Conseil général de la Gironde, en s'associant aux observations présentées par M. Delboy, membre de ce Conseil général, que cette canalisation au travers de contrées dotées partout de voies ferrées, Chemin d'Orléans, Chemins de l'Etat, ne répond à aucun besoin manifeste, elle est trop rapprochée de la mer, qui est le transporteur à bon marché par excellence ; dès lors, elle ne profiterait à personne, parce qu'elle n'amènerait **aucune augmentation dans la circulation des marchandises.**

Les protestations unanimes qu'a rencontrées auprès des Conseils élus et des Conférences interdépartementales des départements intéressés, le tracé se dirigeant sur Candes, nous portent, comme ces Assemblées, à considérer ce tracé, comme un tracé *spécial, exclusif,* qui peut avoir sa raison d'être au point de vue des intérêts militaires du port de Rochefort, et aussi de ceux de La Rochelle; mais, qui à raison même, de ce caractère exclusif, est complètement en dehors des intérêts généraux que la loi du 5 août 1879 a voulu desservir.

Canal d'Angoulême à Châtellerault et Candes

Du reste, une solution toute naturelle du raccordement de ces deux ports avec le réseau navigable intérieur, se trouve dans les remarquables rapports de l'honorable M. Krantz à l'Assemblée Nationale, en date des 26 juillet 1873 et 21 janvier 1874, au nom

de la « Commission d'enquête sur les chemins de fer et *les moyens*
» *de transport sur l'ensemble du Système des voies navigables*
» *de la France.* »

Cette solution consisterait dans la construction du canal proposé
par l'honorable sénateur, d'un Canal spécial « d'Angoulême à Châtellerault, » lequel serait continué jusqu'à Candes. Cette solution.
comportant également le raccordement de Rochefort et de La Rochelle à notre réseau intérieur. désintéresserait ces deux ports.

**Nous pourrions même ajouter, que cette solution
serait de nature à désintéresser Limoges. au moyen
de la branche indiquée par M. Dingler, dans sa description du tracé sur Saint-Amand, et partant du
deuxième bief de partage de ce tracé.**

Cette solution, croyons-nous, qu'on nous permette de le dire,
est de nature à donner toute satisfaction aux départements de la
Charente et de la Vienne; et, en l'adoptant, le gouvernement ne
courrait pas le risque, comme par le projet d'un canal passant à
Candes pour joindre la Garonne à la Haute-Loire, de se heurter à
l'opinion publique si énergiquement formulée jusqu'à présent ; et
de compromettre, en outre, la conception grandiose de Brisson.
d'une grande **ligne internationale** de Bordeaux à Bâle, aujourd'hui consacrée législativement par le « Canal de jonction entre
le bassin de la Garonne et le bassin de la Loire. »

Nous avons cru devoir réunir, à cette occasion, dans l'*Annexe* B
les extraits des rapports de l'honorable M. Krantz, qui ont trait à
l'exécution de ce Canal d'Angoulème à Châtellerault ; ils nous pa-
raissent de nature à résoudre complètement la question.

―――

Le tracé sur Candes écarté. les compétitions se sont donc établies.
dans les Conseils généraux et les Conférences interdépartementales,
entre les deux autres tracés indiqués dans l'Exposé des motifs,
celui de Montluçon et celui sur Saint-Amand. Aujourd'hui, que le
quatrième tracé est en présence, la concurrence pour la direction à donner au Canal se concentre entre les deux tracés ci-dessus,
et le quatrième tracé, c'est-à-dire celui de Brisson, soutenu par la
présente Notice.

Délibération du Conseil général de la Seine

Au milieu de ces délibérations des Assemblées départementales, nous devons signaler une intervention considérable : celle du Conseil général du département de la Seine qui, rattachant à la question des intérêts généraux législativement engagés dans la solution poursuivie, *les intérêts particuliers du Département de la Seine et spécialement de la Ville de Paris*, s'est prononcé formellement pour le tracé se dirigeant sur Montluçon, par Périgueux et Limoges.

La délibération du Conseil général de la Seine, intervenue à la date du 4 décembre 1879, a eu ce double résultat : de fortifier les adhésions des Assemblées départementales du Centre, qui se sont ralliées, en définitive, au projet sur Montluçon, en repoussant à la fois les tracés sur Candes et sur Saint-Amand ; puis, d'avoir circonscrit le débat, au moins dans les départements, entre le tracé sur Montluçon et le tracé de Brisson sur Diou, par les vallées de la Dordogne, de la Sioule et de la Bèbre.

Rapport de M. Deligny

A raison de cette influence de l'intervention du Conseil général de la Seine, sur les Assemblées des départements du Centre, et de celle qu'elle peut exercer sur les résolutions législatives à intervenir, nous croyons devoir analyser, ici, le rapport de M. Deligny, ingénieur, membre du Conseil municipal de Paris et du Conseil général de la Seine, rapport sur lequel est intervenue la délibération de ce dernier Conseil.

Ce rapport, fait au nom de la « Commission d'études des canaux du Nord et de la Loire », témoigne, d'ailleurs, d'une grande connaissance des lieux à traverser par le canal sur Montluçon, et d'une réelle compétence technique. M. Deligny s'y attache principalement à démontrer, au double point de vue du trafic et des facilités relatives d'exécution, les avantages du tracé se dirigeant vers Montluçon, comparativement au tracé de Saint-Amand, dont il fait ressortir éloquemment les difficultés d'exécution et le peu d'intérêt économique.

Nous ne faisons aucune difficulté de prendre ce rapport comme base de notre travail, parce qu'il nous paraît fournir les meilleurs arguments pour établir la supériorité du tracé que nous soutenons, non-seulement sur le tracé dit : *intermédiaire*, que le rapport repousse, mais aussi sur celui de Montluçon qu'il préconise.

Quant au tracé sur Candes, M. Deligny ne le discute, ni ne le mentionne dans son rapport, le considérant évidemment, comme nous le considérons nous-mêmes, avec la grande majorité des Assemblées départementales, comme un **tracé isolé, spécial et indépendant de la question générale qu'il s'agit de résoudre.**

Son rapport n'y fait allusion, en effet, que dans les termes suivants, suffisamment caractéristiques :

« L'Ouest et le Nord-Ouest sont désintéressés dans la question;
» car, la mer pourvoit largement à leurs relations par eau, à ce
» point que la distance par rivières et canaux, n'étant que de 306
» kilomètres entre Nantes et Vierzon, il serait probablement plus
» économique pour Bordeaux d'expédier par eau à Vierzon, **par**
» **Nantes, que par Angoulème** (1). »

Nous noterons dans le rapport :

1º Les objections raisonnées qu'il oppose au tracé *intermédiaire*, et notamment sa réfutation du Mémoire présenté par la Chambre de Commerce de Bordeaux en faveur de ce tracé, contrairement à l'opinion du Conseil général de la Gironde.

2º Sa réponse aux objections faites au tracé sur Montluçon, et l'énumération des avantages qu'il présente.

Tracé sur Saint-Amand, dit : Tracé intermédiaire

« Ce qui caractérise à première vue le tracé sur Saint-Amand,
» dit le rapport, c'est l'absence presque complète de trafic local
» susceptible d'employer la voie d'eau; le défaut non moins complet
» d'industries consommant et produisant des matières lourdes. Les
» papiers d'Angoulème, les produits de Ruffec, les châtaignes et
» les grains de Civray et de Confolens, les céréales de Montmo-
» rillon, les chevaux du Blanc; les tabacs, les draps et les chevaux
» de Châteauroux, ne se serviront jamais du canal s'il est fait.
» Quant aux places industrielles de Vierzon et de Bourges, elles

---

(1) L'exécution du Canal de Nantes à Combleux, prévu par la loi du 5 août 1879, donne encore plus de force et d'à-propos à l'observation de M. Deligny.

» sont reliées au Nord et à l'Ouest par le canal de Berry ; elles le
» seront avec le Sud, et le plus efficacement, par Montluçon, Limoges
» et Périgueux.... Quant aux riches produits de la Charente, les
» eaux-de-vie de Cognac, leur valeur commerciale les détournera
» toujours de la voie des canaux.

» Dans la description commerciale et industrielle du tracé par
» Vierzon, qui occupe quelques pages du Mémoire de la Chambre
» (de Commerce de Bordeaux) en faveur du tracé sur Saint-Amand,
» on cherche vainement, dit le rapport, la marchandise lourde en
» quantité sérieuse, dans les produits, soit du sol, soit de l'in-
» dustrie. On traverse partout des contrées exclusivement agri-
» coles, un sol calcaire, soit du terrain crétacé, soit du terrain
» jurassique, qui contient en lui-même ses éléments de fertilité, et
» ne demande pas d'amendements indispensables et lourds à trans-
» porter. L'agriculture, de même que l'industrie, ne fournira au
» canal qu'un trafic extrêmement faible. »

En ce qui concerne les objections techniques à faire au tracé sur
Saint-Amand, M. Deligny fait remarquer que le nombre de faîtes à
franchir, *successivement*, dans la traversée des vallées principales
rencontrées par le tracé, nécessitera, au moins, l'établissement de
trois tunnels représentant ensemble plus de **13 kilomètres :**
peut-être même, dans certains endroits, deviendra-t-il nécessaire
d'augmenter cette longueur d'ensemble de tunnels, afin d'*assurer*
l'alimentation d'eau du canal ; à moins que l'on ne remédie à cette
insuffisance, particulière à quelques biefs de partage, au moyen de
l'élévation des eaux des rivières à proximité, par des machines
hydrauliques (1).

Tracé sur Montluçon

La supériorité du canal de Montluçon sur le tracé *intermédiaire* résulte des avantages énumérés dans le rapport de M. Deligny et résumés dans les considérations suivantes :

» Au point de vue du trafic, le tracé sur Montluçon se présente
» (comparativement au tracé *intermédiaire*) dans des conditions
» doubles de succès d'un tonnage propre aux pays traversés et
» d'un tonnage considérable à parcours entier. »

« (1) Le moyen de se procurer des eaux par des réservoirs, dit M. Krantz,
» dans un de ses rapports à l'Assemblée nationale, paraît préférable aux
» emprunts faits aux cours d'eau naturels ; il crée des ressources et ne trou-
» ble ni droits acquis ni jouissance. »

Le canal desservira trois bassins houillers, Montluçon-Commentry, Ahun-Lavaveix, Bourganeuf-Bosmoreau, dont les produits pourraient soutenir la concurrence sur tout le parcours, contre les houilles de toutes provenances, et notamment les houilles anglaises, qui, par le chemin de fer, arrivent aujourd'hui jusqu'à Limoges.

Les bois de construction et de chauffage de la Haute-Vienne et de la Creuse, les granits de ce dernier département, fourniront au canal un supplément de trafic considérable, augmenté encore par le transport de la chaux qui abonde dans les terrains calcaires des départements de la Dordogne et de l'Allier, et sont d'une extraction facile.

« Avec l'emploi de la chaux, dit le rapport, d'accord, d'ailleurs, » avec la pratique agricole, « la terre est transformée, les cultures » les plus productives sont praticables, et la valeur de la propriété » arable est doublée ou triplée. »

En ce qui concerne les marchandises de Commerce général et de transit, soit le parcours de bout en bout du canal, « les vins » de la Gironde, les denrées d'importation, les minerais d'Espagne » à destination des forges de Montluçon et de Commentry, use- » ront largement de la voie navigable. »

Quant aux difficultés techniques du tracé sur Montluçon, le rapport exprime la conviction « de la possibilité d'exécution du » canal, dans des conditions économiques en rapport avec l'impor- » tance du trafic qu'il est appelé à desservir. Il y aura sur quelques » points des travaux importants, mais pas de difficultés sérieuses, » D'autre part, des longueurs considérables seront d'une exécution » facile et économique ; elles forment près des deux tiers du déve- » loppement total. »

La canalisation, qui se développerait suivant le tracé, tantôt en canal, tantôt en lit de rivière, présenterait, dit le rapport, une succession de tunnels d'une longueur d'ensemble de **neuf kilomètres** environ, qu'il serait nécessaire d'augmenter dans le cas où l'on adopterait une des *variantes* proposées, à partir du faîte de Fressignes (1).

Dans une partie de la canalisation en rivière, la configuration de la vallée du Thorion rendrait nécessaire la transformation de

---

(1) M. Vallès, inspecteur général honoraire des ponts et chausséees, qui a bien voulu, à la demande du Comité d'exécution d'une des Conférences interdépartementales, instituée en 1879, en vue du projet du canal sur Montluçon, se charger de l'examen du tracé, estime, dans son rapport, la longueur **éventuelle**, d'ensemble, de ces souterrains, à **onze kilomètres**.

la rivière en « un canal continu, par la succession de barrages mo-
» biles de 6 metres 50 de hauteur, établissant des différences de
» niveau de 4 metres au moins entre les biefs traversant toute la
» vallée dont les rives immediates peuvent être submergées (1) »

L'alimentation du canal, protégée, d'ailleurs, par l'imperméa-
bilité caractéristique des terrains traversés, appartenant à partir
de Périgueux aux formations primitives, serait, dit le rapport,
assurée.

Quant à l'objection tirée des gelées determinées par l'altitude
des côtes successivement rencontrées par le canal, M. l'inspecteur général honoraire Vallès, dans son rapport indiqué dans la
note, page 32, émet l'opinion suivante qui mérite d'être prise en
tres sérieuse considération :

« Il est certain qu'assez généralement la température decroit
» avec la hauteur; mais l'on se tromperait beaucoup si l'on consi-
» dérait ce fait comme absolu ; presque toujours vrai pour l'été, il
» est du moins douteux pour l'hiver ; le doute est d'autant plus
» admissible que les hivers sont plus rigoureux, et quand ils le
» sont tout à fait, il y a meme inversion.

» Dans les régions boréales, celles des grands hivers, d'après les
» observations de Bravais et d'autres physiciens français, il arrive
» presque toujours que la température monte à mesure que l'on
» s'éleve.

» Dans nos régions tempérées, les différences thermométriques
» entre les lieux bas et les lieux hauts diminuent d'autant plus que
» le froid sévit avec plus de force dans le bas. Cet hiver, par
» exemple, dans les régions que je viens de parcourir, le thermo-
» metre n'est nulle part descendu aussi bas qu'à Paris : on a eu, en
» général, peu de neige, et des localités situées à 400 mètres et
» plus d'altitude n'en ont meme pas eu du tout. »

M. Valles termine en disant que, pour certains esprits l'objection
qu'il combat pourra paraitre fondée : mais qu'au fond elle est
fausse, tant au point de vue des faits recueillis qu'au point de vue
des principes rationnels acquis à la science, et qu'elle peut être
nuisible; « que, par conséquent, il a dû la combattre ; et que si
» l'on voulait pousser la discussion à bout, si l'Administration
» considérait l'objection comme sérieuse, il serait facile d'etablir
» qu'elle n'a d'autre portée que celle d'un préjugé. »

---

(1) Comme on le verra plus loin, ce système de **lacs continus** est le système indiqué par MM. Blondat et Spinasse, dans la canalisation de là haute
Dordogne et de la Sioule.

« En résumé, dit le rapport de M. Deligny, il n'y a pas impru-
» dence à espérer un million de tonnes pour le trafic auquel le
» canal est appelé. »

Au point de vue particulierement parisien, la voie navigable
nouvelle facilitera très notablement l'économie et l'approvisionnement des vins, des bois, des granits pour la construction, des kao-
lins, dont ont besoin le département de la Seine et en particulier
la Ville de Paris.

Le tracé sur Vierzon, dit en terminant M. Deligny, « ne nous
» apportera, à nous Parisiens, rien qui lui soit propre. Notre choix
» ne pourrait être douteux. »

Tracé par les vallées de la Dordogne, de la Sioule et de la Bèbre

Il nous reste maintenant à mettre en comparaison avec le tracé
sur Montluçon, le **seul** des trois tracés indiqués dans l'Exposé des
motifs qui ait réuni, jusqu'à présent, le plus grand nombre d'adhésions dans quelques départements du Centre, le **tracé** de Brisson,
par les vallées de la Dordogne, de la Sioule et de la Bebre, et aboutissant à Diou, pres Digoin, sur le Canal latéral à la Loire.

Disons d'abord, que sur le vœu itérativement émis par le Conseil
général de la Dordogne en faveur de ce tracé, une Conference
interdépartementale composée des délégués des Conseils généraux
des départements de la Dordogne, du Lot, du Cantal, de la Correze
et du Puy-de-Dome, à laquelle ont été appelés les représentants
des Conseils généraux de la Gironde et de l'Allier, doit se réunir
prochainement pour discuter et soutenir cette direction.

En ce qui concerne le trafic, comment un Canal, ainsi tracé, ne
présenterait-il pas tous les avantages que l'on parait attendre du
canal sur Montluçon, non-seulement au point de vue du trafic
régional, mais aussi au point de vue du trafic général ? N'est-on
pas, au contraire, fondé à dire que le caractère **international**
de notre Canal le met **hors de pair** avec tous les autres
tracés ?

La voie navigable se développe, en effet, au milieu d'un massif
dont la formation et, par suite, les besoins du sol sont les mêmes
que ceux des terrains traversés par le canal de Montluçon ; elle
pénètre dans d'aussi nombreux Centres de production et de con-

sommation, dont les échanges consistent également en marchandises lourdes, en quantité aussi sérieuse, comme produits du sol ou de l'industrie, et ne pouvant supporter un tarif élevé ; ce qui lui assure un tonnage régional au moins égal, sinon supérieur à celui que recueillerait, de ce chef, le canal de Montluçon.

Le tracé se relie, soit à des cours d'eau venant des versants des départements de la Correze, du Lot et du Cantal, qui peuvent, à peu de frais. être rendus flottables et même navigables, pour une navigation, au moins, descendante ; soit, à de nombreuses voies de terre, chemins de fer, routes nationales et départementales, chemins de grande communication. etc., etc., affluents naturels, qui offriront a son trafic immediat de précieux suppléments.

Le Canal desservira les bassins houillers de Commentry, Bézenet et le Doyet (Allier), situés à quatre lieues du canal: de Saint-Eloy. de Bourg-Lastic. de Messeix (Puy-de-Dôme) : de Champagnac (Cantal), lequel pourrait, à lui seul, fournir plus de 200,000 tonnes de trafic ; d'Argentat. de Meymac (Correze). Le Canal permettra à ces exploitations houilleres, même a celles le plus éloignées de Bordeaux, comme celles de Commentry, peut-être, de venir faire, au grand profit de notre industrie, **une concurrence utile aux houilles anglaises sur notre grande place commerciale du Sud-Ouest.**

Les forêts de la Corrèze et du Cantal, qui ne trouvent pas une utilisation rémunératrice, faute de débouchés assez rapprochés, seront utilement exploitées et fourniront au Canal, en merrains, cercles, échalas, un élément considérable de trafic. D'un autre côté, comme une amélioration agricole en engendre une autre, le boisement des terrains vagues tendra à faire disparaître cette immense étendue de terres incultes. que l'absence des grands végétaux maintient dans cet état de stérilité. Une assez grande partie de la Correze. notamment, est en terres non cultivées ; et à raison de la faible hauteur à laquelle se trouvent ces terres au-dessus du niveau de la mer, elles peuvent être rendues à l'agriculture. Le revenu territorial de ce département, que nous prenons pour exemple, s'accroîtrait ainsi dans une proportion considérable.

Une transformation analogue dans l'agriculture de ces contrées s'opérerait par le **transport des pierres à chaux** de la Dordogne et de l'Allier, dans certaines parties des départements traversés par le Canal, notamment dans le Puy-de-Dôme, qui réclament ces amendements calcaires.

Bien d'autres marchandises alimenteraient la voie navigable ; ainsi, les meulières de Domme (Dordogne), dont le gisement couvre une étendue de 1,100 hectares, et dont la qualité est supérieure à celle de la Ferte-sous-Jouarre. En outre, les minerais de fer, d'une qualité et d'un rendement supérieurs, que l'on rencontre en abondance près de Beaumont et de Cadouin, à Saint-Martial (canton de Domme), dans les environs de Gourdon, de Souillac et de Bort: les chaux hydrauliques des environs de Saint-Cyprien et de Beaulieu ; les pierres de taille du Sarladais ; les fers ouvrés, les vins de la Dordogne, dont une partie remonterait, avec les sels et les denrées coloniales, vers l'Auvergne, qui trouverait ainsi le moyen d'augmenter l'exportation de ses fromages et des autres produits de son sol ; et surtout, les vins des riches vignobles de la Gironde, auxquels les départements du Centre et de l'Est et les **au delà** seraient ouverts.

Ajoutons au mouvement, le trafic considérable auquel donnera lieu le transport des minerais d'Espagne, dont l'emploi est devenu indispensable à nos grands établissements métallurgiques, par les progrès apportés à la fabrication de l'acier. Comme le grand industriel allemand, M. Krupp, propriétaire de l'établissement d'Essen, et pour soutenir la lutte sur les marches intérieur et etranger, M. Schneider, son rival en France, directeur de la Société du Creusot, située sur le canal du Centre, lequel s'embranche sur le canal de Digoin, et deviendra, par suite, le prolongement du Canal dont il s'agit, M. Schneider, disons-nous, demande une partie de ses approvisionnements, plus de 50,000 tonnes, aux minerais de Bilbao. La Compagnie des forges et fonderies de Pontgibaud (Puy-de-Dôme) s'apprête, croyons-nous, à suivre cet exemple pour les besoins de sa fabrication, ainsi que d'autres etablissements métallurgiques situés sur le parcours du Canal.

Bordeaux, qui reçoit une partie de ces minerais, est appelé a rester l'intermédiaire naturel de ces importations spéciales. N'aurait-il pas a craindre de les voir s'éloigner de lui par la préférence accordée à tel ou tel autre tracé, différent de celui soutenu par cette Notice ? Déjà, dans le monde métallurgique, il est question de Nantes, pour ces importations: Bordeaux doit donc être sur ses gardes. Il semble redouter la rivalité de La Rochelle : Nantes peut lui préparer d'autres surprises dont son commerce d'entrepôt doit, à bon droit, s'alarmer.

Canal international

Mais il est un autre point de vue auquel on doit se placer pour apprécier, dans toute son étendue, l'incontestable valeur du Canal:

c'est le point de vue du **trafic international** auquel s'était placé Brisson en déterminant son tracé, et que nous recommandons à l'attention de Bordeaux, tout particulièrement intéressé dans la question.

La lutte commerciale sur les marchés de l'Allemagne et de la Suisse, pour les provenances d'outre-mer, et notamment d'Amérique, maintenant plus que jamais engagée entre les Ports de Hollande et de Belgique et les Ports français, ne peut se soutenir à l'avantage de la France, que par la modicité des prix de transport, offerte par les canaux pour les marchandises de grande consommation, ou les matières premières de certaines industries, telles que les pétroles, les cafés, les cotons, etc., etc. Or, c'est par Rotterdam, par Hambourg, et principalement par Anvers, que se déversent ces marchandises dans l'intérieur de l'Allemagne, de l'Alsace-Lorraine et de la Suisse, en utilisant à la fois, le chemin de fer, le plus souvent, et la voie fluviale.

Ce mode de transport mixte, dont les inconvénients sont augmentés souvent par le mauvais état de certaines rivières, est onéreux. Aussi, pour remédier à cet état de choses, et favoriser ses importations, l'Allemagne entreprend l'exécution de voies navigables, dont une partie doit relier son territoire à la Hollande, la Belgique et la Suisse, en longeant notre frontière. M. Krantz signalait cette menace à notre commerce de **transit** dans un de ses rapports à l'Assemblée nationale; et dans son numéro du samedi 23 octobre, le journal *La France* la signalait à son tour, à propos du canal de navigation intérieure de Marseille au Rhône, que le département des Bouches-du-Rhône, la Ville et la Chambre de commerce de Marseille réclament depuis des années (1).

Quoi qu'il en soit et en puisse advenir, le port de Bordeaux, où se concentrait autrefois le commerce des Sucres et des Cafés venant de nos Antilles, est dans une situation telle, au regard des deux Amériques, que, grâce au Canal de jonction, se prolongeant par le Canal du Centre, la Saône ou le Doubs, et le canal du Rhône au Rhin jusqu'à notre frontière orientale, et constituant ainsi **le véritable Canal international**, décrété par le projet de loi de 1838, Bordeaux, disons-nous, pourra être en mesure de disputer aux ports d'Anvers et de Rotterdam les marchés de l'Alsace-Lorraine, de la Suisse et d'une partie des marchés allemands, pour les denrées dont nous venons de parler, et de reprendre ainsi son ancienne splendeur.

(1) Voir : *Annexe C*, des extraits du rapport de M. Krantz à l'Assemblée nationale à ce sujet, et du journal *La France*, du 23 octobre 1880.

Avec le **Canal international,** tout autorise Bordeaux à avoir cette espérance : le prix de transport de la tonne abaissé à un prix **inférieur** à celui de la tonne venant des ports de la Belgique ou de la Hollande ; son fret naturel de sortie, déjà considérable par ses vins, augmenté du fret des marchandises en retour, transitant par le canal ; ajoutons, ainsi que le fait remarquer M. le comte de Ruolz, Inspecteur général des Chemins de fer, en retraite, dans ses savants travaux, que les houilles situées sur les parcours du Canal. notamment celles de Champagnac, devant arriver, par le Canal, sur le marché Bordelais, à un prix inférieur à celui des houilles anglaises, les navires partant de Bordeaux en destination de la Chine, du Japon et de la Plata. pourront encore demander aux houilles le complément de leur fret de sortie (1).

Pour se rendre compte de l'avantage que présenterait le prix de transport d'une tonne de marchandise venant de Bordeaux par le Canal, en destination d'Alsace-Lorraine et de la Suisse, comparativement au prix de cette tonne venant d'Anvers à la même destination, on remarquera que le prix d'une tonne de cotons bruts venant d'Anvers et rendue à Mulhouse, par chemin de fer direct, et par wagons de 10,000 kilogrammes. monte à 26 fr. 50, prix qui correspond, à raison de deux centimes par tonne kilométrique transitant par le Canal, à une longueur de . . . . 1.325 kil.

Or, le Canal international de Bordeaux (Bacalan) à Mulhouse, aura, en supposant la coupure du bec d'Ambès opérée, un développement d'environ 990 à 1,000 kilomètres, soit 1.000

D'où une différence, en moins, de. . . . . 325 kil. environ, équivalant à une diminution brute de 6 francs environ sur le prix de transport d'une tonne (2).

---

(1) « On pourra ainsi, à l'aide des canaux, amoindrir, sinon faire complé-
» tement disparaître, une des causes d'infériorité, contre lesquelles lutte notre
» marine marchande, à savoir : le *manque de fret au départ.* » (Rapport de
M. Krantz à l'Assemblée nationale du 13 juin 1874. — *Résumé et conclusions.*)

(2) *Cotons.* — Du Havre, *via* Belfort. . . . . 48 fr. c.
 » » Anvers. 44 75
Cafés. — Anvers (fer direct). . . . . 33 »
 Havre, *via* Belfort. . . . . 48 »
 » » Anvers. . . . . 56 »
Pétrole raffiné. — Anvers (fer direct). 30 25
 Havre, *via* Anvers. 54 50
 » » Belfort. 74 50
Laines brutes. — Anvers (fer direct). 28 50
 Havre. *via* Anvers. 53 50
 » Belfort. 62 50

Quant à la rapidité relative du transport, il sera facile de l'obtenir par une bonne organisation de la batellerie ; au moyen, par exemple, de relais de mariniers convenablement aménagés, d'une installation de service de nuit, au besoin, et d'un service spécial de télégraphie ; de sorte que la perte d'intérêts correspondant aux quelques jours de retard sur la livraison de la marchandise, ne pourra être que très légère ; et, qu'en définitive, la navigation par le Canal pourra présenter, à l'avantage de Bordeaux, une marge de 5 francs à 8 francs environ, par tonne.

Qu'on ne l'oublie pas ; la Suisse est un marché de Consommation considérable, et doit devenir pour notre Commerce extérieur, en Europe, le marché par excellence. C'est à nous acquérir **cette riche clientèle** que doivent tendre nos efforts. Tout nous y invite, la similitude de nos Institutions politiques, les liens d'amitié qui nous unissent depuis si longtemps avec ce noble pays ; la sympathie naturelle qu'il éprouve pour le nôtre ; les facilités de communication qu'il dépend de nous de lui donner, sur notre territoire, par l'ouverture du Canal, pour les besoins de son industrie et de ses échanges, dont la concurrence étrangere tend à s'emparer chaque jour davantage, à notre préjudice ; et enfin, **les intérêts de notre production nationale et de notre commerce extérieur et de transit.**

Le *Tableau général du Commerce de la France,* pour 1879, et le dernier *Tableau Décennal de* 1867 *à* 1876, publié par l'Administration française des Douanes, aussi bien que le *Tableau de l'Importation et de l'Exportation,* publié par le *Département Fédéral des Péages,* permettent de se rendre compte du mouvement de notre commerce avec la Suisse. On peut y remarquer que depuis 1873, ce mouvement s'est successivement ralenti, mais qu'aujourd'hui il tend à se relever.

En rapprochant, d'un autre côté, au moyen des **Statistiques** publiées par le Gouvernement Allemand et le Gouvernement Belge, sur leur Commerce général avec les pays étrangers, le mouvement de leur Commerce avec la Suisse, comparativement au nôtre, on pourra se rendre compte des objets d'échanges qu'il nous importe de conserver a tout prix, et de ceux qu'il nous est possible de conquérir.

En définitive, il s'agit pour nous de conserver, au moins, entre nous et la Suisse, l'intégralité d'un Commerce général qui s'élève actuellement à plus de **700 millions de francs,** au total ; et dans ce Commerce figurent, pour nos exportations en Suisse, pres de **500 mille tonnes** de marchandises lourdes et encombrantes qui ne peuvent demander leur transport qu'aux canaux ; telles que Céréales, Cotons, Chanvre, Laine brute ou peignée. Pierres brutes à bâtir, Briques, Pierres meulieres, Cuirs, Fers et Aciers, Fontes de fer, Plomb en saumons ou laminés, Papier, Cartons, Bois de Teinture, Charbon de bois, Vins, etc., etc. Disons encore, que nous pouvons augmenter ces exportations, soit par notre production indigène, soit par le **transit**, d'un tonnage au moins égal en Houilles, Minerais, Phosphates, Résines, Cafés. Sucres, Cotons, Pommes de terre, Pétroles (1), Guano, Laines d'Australie, etc., etc., et que la plupart de ces denrées sont exemptes de droits, ou soumises à des droits tres-modérés (2).

Quant à l'Alsace-Lorraine, des Considérations, d'une nature plus intime encore, et d'une importance non moindre pour notre Commerce. nous commandent de maintenir et de nous efforcer à développer nos relations commerciales avec ce pays fraternel, qui nous offre un Centre de consommation considérable, en Cotons bruts, Pétroles, Cafés, Laines, etc., etc. (3).

Or, le **Canal international** que soutient cette Notice est, pour notre pays, le principal et le plus sûr moyen d'obtenir ce double résultat, dans lequel Bordeaux est appelé à prendre sa **large part.**

———

En présence d'une pareille perspective, on comprendra que le tonnage engendré par le trafic régional et international du Canal peut, sans imprudence, être évalué à un chiffre d'unités supérieur à celui du tonnage présumé des autres tracés ; et que la

---

(1) En 1877, l'exportation des Pétroles, de l'Allemagne en Suisse, a été, par le Commerce libre, de...................... .... 256.381 centners
En transit...... .... 1.295 —
Ensemble...... 257.676 centners
soit 12,000 tonnes métriques environ.
(2) Voir à l'Annexe D quelques détails sur notre Commerce avec la Suisse.
(3) La consommation s'est élevée à Mulhouse, en 1879,
à 11.000 tonnes. Cotons.
5 000 » Laines.
200 » Cafés.
379 » Pétroles

possibilité que l'on aura, par suite, de réduire, plus que sur tous ces tracés, le prix de transport, permettra de le conserver.

Quoiqu'il soit difficile de préciser d'une façon exacte le chiffre total du trafic probable du Canal, on est fondé cependant à penser, en comparant le tonnage de certains canaux actuellement existants au tonnage que l'avenir réserve au nôtre, que ce chiffre atteindra, dans peu d'années, plus de **1.500 mille tonnes**, dont deux tiers, au moins, parcourront le Canal de **bout en bout**.

Ajoutons que le Canal ouvrira, en même temps, au bassin de la Garonne, des débouchés avec le Sud-Est de la France. On a vu, en effet, que les travaux prescrits par la loi du 5 août 1879 comprenaient le prolongement du canal latéral de la Loire, de Roanne à la Fouillouse, afin de relier le bassin industriel de Saint-Etienne avec ce canal; et que la nouvelle voie navigable, prolongée jusqu'au Rhône, devait relier ces deux grands fleuves. Les études de ces projets se poursuivent activement, et l'on trouvera plus loin quelques détails intéressants sur ces études (voir page 47). Ce ne serait donc plus seulement à Roanne, dans l'Est, en Alsace-Lorraine, en Allemagne et en Suisse, que nous conduirait le canal de Brisson, mais encore à Saint-Etienne et à Lyon.

Avantages stratégiques du tracé

Outre les avantages offerts par le tracé de Brisson, au point de vue de nos intérêts économiques, il en présente un autre non moins important pour les intérêts généraux du pays. C'est de constituer, en cas de guerre, **une ligne d'approvisionnement** à laquelle ne sauraient être certainement comparées celles qui pourraient résulter des autres tracés en discussion : le port militaire de Rochefort se trouvant désintéressé, d'ailleurs, ainsi qu'il a été dit, par le Canal d'Angoulême à Châtellerault et Candes.

Objections techniques

Les objections techniques que l'on pourrait vouloir opposer à notre tracé seront évidemment de la même nature que celles que soulève le tracé sur Montluçon ; sauf, bien entendu, l'objection relative à l'insuffisance possible de l'alimentation du Canal, laquelle est, ici, hors de toute contestation. Peut-être, ces objections s'accentueront-elles davantage, à raison de la plus grande altitude du faîte à traverser, le tracé se développant à travers le massif central dont le tracé de Montluçon n'entame que les premiers contreforts.

Ces objections peuvent donc etre les suivantes :

1º Le développement du tracé en plein pays granitique et dans la région la plus montagneuse du Centre de la France.

2º L'altitude élevée du faîte, **au bief de partage,** et la multiplicité des écluses qui en serait la conséquence.

3º La grande profondeur des gorges au fond desquelles roulent, en sens opposé, la Sioule et la Dordogne ; circonstance qui pourrait interdire, dans certains points, l'acces du Canal aux populations riveraines.

4º Le régime torrentiel des rivières à canaliser, notamment de la Dordogne, qui a surtout ce caractere dans son cours supérieur jusqu'à Bretenoux, point situé à 46 kilometres en amont de Souillac, et à partir duquel, comme le fait remarquer M. Krantz, la riviere « reprend un régime plus calme à mesure qu'elle descend, » quoiqu'elle conserve toujours qnelques-unes de ses allures immo- » dérées (1). »

5º Les interruptions de navigation causées par les gelées, plus à redouter, à raison de l'altitude du bief de partage, que dans les autres tracés, à ajouter à celles qui peuvent provenir du régime particulier des rivieres à canaliser, et aux interruptions ordinaires des canaux, déterminées par les sécheresses, les atterrissements et le curage des biefs.

Nous ferons remarquer, d'abord, que le développement du Canal dans le massif central de la France et l'altitude du faîte à traverser, etant donnés les progrès actuels de la science et l'application de ses nouveaux procédés, ne présentent pas de difficultés exceptionnelles. On peut en dire ce que M. Deligny a dit de celles qui sont opposées au tracé sur Montluçon : « Il pourra y avoir des » travaux importants sur certains points, mais pas de difficultés

---

(1) « Dans la traversée des terrains primitifs, dit M. Krantz, la Dordogne » est sinueuse, tourmentée, pleine d'écueils ; dans les formations jurassiques, » elle présente l'aspect spécial et caractéristique de ces sortes de terrains ; » d'un coté, de hautes falaises coupées à pic et d'une vigoureuse coloration, » de l'autre, une plage basse et ordinairement fertile ; ces accidents varient » d'une rive à l'autre, mais toujours la riviere vient lécher le pied des » falaises.
» Ces grands reliefs s'adoucissent dans les terrains crétacés, et disparaissent » enfin dans les terrains tertiaires, où l'on ne rencontre plus que de larges » plaines d'alluvions très peu pittoresques, mais, par contre, très fertiles et » très peuplées. »

» sérieuses. » et l'exécution du canal pourra avoir lieu « dans des
» conditions économiques, en rapport avec l'importance du trafic
» qu'il est appelé à desservir. »

Par suite de la configuration du sol, dans les hautes altitudes,
et sur un parcours de **200 kilomètres environ**, le Canal se
trouve, en quelque sorte, creusé dans les rivières de la haute
Dordogne et de la Sioule, *entre deux murailles de hautes falai-*
ses, par la nature elle-même, qui, de plus, a pourvu, par l'assiette
et l'abondance des lacs de cette région, à tous les besoins **d'ali-**
mentation de la canalisation.

Cette canalisation sera établie au moyen d'ouvrages en rivière
qui assureront à la navigation, en tous les temps, et dans les
endroits, aujourd'hui les plus difficiles, toutes les conditions de sécurité, de rapidité et de régularité nécessaires, soit par la disposition
et la longueur des biefs, soit par l'installation des gares de stationnement ; en effet, comme on le verra, plus loin (page 45), dans **les**
modifications apportées au projet de MM. Blondat et
Spinasse, l'application du **SAS ÉLÉVATEUR HYDRAU-**
LIQUE permettra d'obtenir ces résultats et de dompter le régime
torrentiel des deux rivières.

A l'objection tirée des crues, on peut répondre avec MM. Blondat
et Spinasse, qu'à raison même de la pente des deux rivières à canaliser et de la nature des terrains qu'elles traversent, ces crues ne
peuvent pas occasionner des interruptions de navigation de longue
durée ; que, d'ailleurs, spécialement pour la Dordogne, le système
de canalisation projeté changera, du tout au tout, les conditions
actuelles du régime de cette rivière. Comme le fait remarquer
M. l'ingénieur en chef Spinasse, « les eaux retenues par les bar-
» rages ne seront plus entraînées avec la vitesse que détermine
» actuellement la pente de son lit ; mais suivant une loi, qui fera
» qu'aux approches du barrage, il n'y aura nul danger ; la distance
» adoptée dans le Projet pour l'éloignement de l'entrée du chenal
» des écluses, par rapport aux barrages, ayant été calculée de
» manière à être plus que suffisante pour la sûreté des ba-
» teaux. »

D'ailleurs, rien n'empêchera d'appliquer au Canal, s'il en est
besoin, un système de travaux analogues à ceux prévus, d'après
le Tableau annexé à la loi du 5 août, **pour la Sèvre-Niortaise,**
à l'effet d'assurer l'écoulement des crues.

Quant à la profondeur des gorges à traverser, laquelle, bien que
facilitant l'établissement du Canal avec de grandes chutes, pourrait

empêcher les populations d'y accéder, on fera remarquer, avec MM. Spinasse et Blondat, que les villes et villages sont toujours situés dans les vallées qui aboutissent aux rivières par des pentes presque insensibles. Les communications seront donc faciles, en même temps que profitables au Canal.

A tous les points importants, on pourra, d'ailleurs, établir, au besoin, des **quais** et des **grues,** pour l'embarquement et le débarquement des marchandises.

Dans un de ses Rapports à l'Assemblée nationale, M. Krantz mentionnant également les difficultés de l'établissement d'un canal dans « ces gorges étroites, sinueuses, au milieu des terrains primitifs de la haute Dordogne, disait : « Cependant, en raison des richesses » minérales et spécialement des mines de houille que renferme le » haut de la vallée, *il n'y aurait pas à hésiter,* si ne nous ne » pouvions fournir un débouché, à l'aide des chemins de fer, à » ces richesses aujourd'hui inexploitées. » — Peut-être, au moment où il écrivait ces lignes, et tout en mentionnant dans son rapport, le projet de Brisson, M. Krantz ignorait-il les travaux de MM. Blondat et Spinasse, restés depuis quarante ans dans les archives de l'Administration, et qui sont faits assurément pour tenter l'attention de son esprit supérieur ; peut-être avait-il perdu de vue le Projet de loi de 1838, et, par suite, le rôle capital que cette canalisation était appelée à remplir dans nos relations internationales ?

Quoi qu'il en soit, la grande question de la répartition à faire de la matière transportable entre les Chemins de fer et les Canaux, soit, comme le dit l'Exposé des motifs, « la distribution plus équi- » table des rôles entre ces deux puissants moyens de transport », cette question, soulevée par l'opinion, est aujourd'hui résolue ; et la solution, dont M. Krantz a été lui-même l'un des promoteurs, en est entrée législativement, et spécialement, en ce qui concerne le Canal qui nous occupe, dans le domaine des faits. L'opinion de l'honorable M. Krantz, malgré la restriction qu'il y apportait, alors, peut donc être invoquée en faveur de notre Canal ; et il nous permettra, nous l'espérons, de nous en emparer.

En ce qui concerne les gelées, nous pourrions nous appliquer les observations présentées par M. l'inspecteur général honoraire Vallès, au sujet du canal sur Montluçon, et mentionnées plus haut, si nous ne préférions reproduire la réponse topique que faisait déjà à cette objection M. l'ingénieur en chef Spinasse, en se fondant sur des observations et des expériences faites sur les lieux mêmes.

« On a reconnu, dit M. Spinasse, dans son rapport, que la durée des
« gelées ne sera pas de beaucoup plus considérable que sur des
» canaux moins élevés. En effet, la température *est la mêm* à
» *Ussel, et au point de partage du Canal;* or, à Ussel, les gelées
» commencent huit jours plus tôt, et finissent huit jours plus tard
» qu'à Tulle, qui est à 228 mètres au-dessus du niveau de la mer:
» ce qui porterait à **SEIZE** jours par an, moyennement, le surplus
» d'interruption, par rapport aux canaux ordinaires. ce qui n'est
» pas très notable. » Par contre, nous ferons observer que le cho-
mage prolongé, par suite des sécheresses, n'est pas à redouter:
circonstance d'où résulte une compensation d'autant plus essen-
tielle à noter, que la navigation fluviale est beaucoup moins active
pendant l'hiver qu'aux autres époques de l'année.

Il ne peut être élevé aucun doute au sujet de **l'alimentation**
des biefs. Les conditions d'établissement du Canal, celles de l'installation des réservoirs, la nature du sol traversé répondent sura-
bondamment à cette objection. L'étude des grands lacs existant
près du point de partage des bassins de la Sioule et de la Dordogne avait prouvé à Brisson l'existence d'amas d'eau suffisants
pour subvenir aux besoins d'un Canal de premier ordre. Dans le
Projet de MM. Blondat et Spinasse, les réservoirs établis aux deux
points de partage sont d'une capacité au moins **double** du volume
nécessaire aux besoins de la navigation la plus active.

Quant aux déperditions d'eau causées par les filtrations dans les
terres, elles ne sont pas à redouter dans la partie de la navigation
qui se fera en canal, puisque partout le Canal est établi, **non à
flanc de coteau**, mais au plus bas de la vallée.

C'est aux exigences d'une grande et active navigation, a la fois
régionale et internationale, que Brisson avait destiné son Canal, et
que, pour nous, il est appelé également à répondre. On a vu dans
le cours de cet Exposé, que les dispositions de l'Avant-projet de
MM. Blondat et Spinasse comportaient même l'application de la
navigation a vapeur pour des bateaux d'une certaine dimension:
les modifications apportées au projet rendent cette application
plus facile. Nous doutons qu'aucun des autres tracés puisse offrir,
sous ce rapport, le même avantage.

MODIFICATIONS AU PROJET DE MM. BLONDAT ET SPINASSE

Les modifications apportées à l'Avant-projet de MM. Blondat et

Spinasse ónt eu pour but de diminuer le **développement linéaire** du tracé et le **nombre des écluses**, de maniere à réduire, dans une limite que ne pourront que confirmer les études définitives, la longueur virtuelle du tracé.

Elles consistent :

1º Dans la suppression du bief de partage, à Chaveroche, de façon à ramener le Canal à n'avoir plus que deux versants ; à diminuer le total des dénivellations, et à raccourcir le tracé en le dirigeant, de l'Allier, droit sur le premier étranglement de la vallée de la Sioule, au lieu de suivre la rivière d'Andelot.

2º Dans l'adoption pour la traversée du faîte de partage, d'écluses à fortes chutes, au moyen du **Sas élévateur hydraulique**. dont les éminents ingénieurs anglais, MM. Sidengham Duer et Edwin Clark, ont fait l'application, avec succès, à Anderton. près Northwich, en Angleterre, pour la mise en communication de la rivière Weaver, avec le Canal appelé « *Trent et Mersey* » ; application à laquelle se prête tout particulierement, comme nous l'avons dit, la configuration des terrains traversés dans cette partie de la canalisation.

Enfin :

3º Dans l'etablissement d'un canal latéral à la Dordogne, direct de Souillac à Libourne, en utilisant la majeure partie du canal de Lalinde transformé.

Par suite de ces modifications, le développement linéaire du Canal de Libourne à Diou pourra être ramené à **495 kilomètres;** et le nombre des biefs sera réduit, au moins, à **120**, sur l'ensemble du Canal.

On peut faire observer que le systeme des Ascenseurs hydrauliques pourrait être appliqué, au besoin, sur les autres tracés en présence. Mais, on doit remarquer qu'il est d'abord douteux que dans les vallées où se développent les autres tracés. l'application du système puisse être aussi facile et aussi économique ; puis, que son application n'a été prévue, dans les modifications ci-dessus, que dans les gorges étroites de la haute Dordogne, du Chavanon et de la Sioule ; et, que si dans les tracés concurrents, on songeait à recourir à ce système, afin de lutter, en quelque sorte, de raccourcissement avec le nôtre, on pourrait, de même, augmenter dans le tracé que nous soutenons, le nombre des applications des Ascenseurs, en en ménageant dans certains points de la Dordogne, entre Libourne et Argentat.

Sas élévateur hydraulique

(Hydraulic Canal lift)

Dans un article fort intéressant publié par les *Annales des Travaux publics* (1), nous trouvons quelques détails sur l'emploi de ce système. Nous croyons devoir en reproduire, ici, l'extrait suivant, à raison de l'intérêt qu'il présente pour notre Canal :

« Maintenir, dit l'auteur de l'article, le plan d'eau sur une lon-
» gueur sept à huit fois plus grande, et remplacer à l'extrémité de
» la ligne ainsi agrandie, sept ou huit écluses ordinaires par un
» seul ouvrage, eut paru, il y a quelques années, une idée chimé-
» rique ; l'application du système de l'Ascenseur hydraulique par
» MM. Sidengham Duer et Edwin Clark fait voir que l'idée est
» entrée dans le domaine des faits. »

Au surplus, la même application va être faite par l'Administration, aux Fontinettes, près Saint-Omer, sur le canal de Neufossé
sous la direction de M. l'ingénieur en chef Bertin ; en attendant
qu'elle ait lieu prochainement sur le canal de jonction de la Loire
au Rhône.

« C'est en s'appuyant sur le rapport présenté à l'Assemblée na-
» tionale par M. Krantz, pour la partie du canal de jonction de la
» Loire au Rhône, comprise entre Roanne (tête actuelle du canal
» du Centre), et Saint-Rambert (point voisin des affleurements du
» bassin houiller), que M. Reymond, député de la Loire, a obtenu
» dans la Commission des voies navigables, avec l'assentiment de
» M. de Freycinet, le classement de cette importante artère.

» Mais il faut reconnaître que le tracé dont M. Krantz avait in-
» diqué les grandes lignes, se trouvera singulièrement facilité par
» l'application possible du Sas élévateur d'Anderton. Les premières
» études sur le terrain, commencées depuis trois mois par les
» Ingénieurs du service Départemental de la Loire (M. Jollois,
» ingénieur en chef, MM. Girardon et Lefort, ingénieurs ordi-
» naires), démontrent déjà la possibilité d'une ligne d'eau non
» interrompue de près de 80 kilomètres entre Saint-Rambert et
» Roanne ; c'est seulement vers les derniers kilomètres, aux abords
» de Roanne, qu'il devient nécessaire de racheter une différence
» de niveau d'une centaine de mètres, entre le plafond du nouveau
» canal et celui du canal existant.

---

(1) Bureaux : 35, rue Le Peletier, Paris.

» Cinq ou six grandes écluses opéreront ce raccordement sur un
» espace de quelques kilomètres. Là, il faut le reconnaitre, la cons-
» truction d'abord, l'exploitation ensuite, seront coûteuses ; mais on
» a déjà pu calculer que la dépense de construction de cinq écluses
» de vingt metres atteindrait à peine celle de cinquante écluses
» de deux mètres qu'elles remplacent ; et la concentration sur un
» seul point de tous les éléments importants de dépense permettra,
» grâce à une surveillance active et à une organisation intelli-
» gente, de réduire, dans la limite du possible, les frais d'exploita-
» tion de ce passage difficile. Quant à la traction sur le parcours
» non interrompu de 80 kilomètres, elle sera rapide et économique ;
» un seul remorqueur pouvant trainer derrière lui, sans arrêts ni
» ralentissement dans sa marche, de longs trains de bateaux ; il
» est incontestable que, dans cette partie au moins du trajet, le fret
» ne dépassera pas un centime par tonne et par kilomètre. »

D'un autre côté, M. Sidengham Duer, avec lequel nous nous som-
mes mis en rapport, a bien voulu nous donner lui-même des détails
sur son Système qui fonctionne, avec un plein succès, depuis 1873.

« Le niveau du Canal se trouve à 15 m. 3 au-dessus de celui de
» la rivière. L'écluse mobile, en question, fut construite de préfé-
» rence à une chaine d'écluses, comme étant beaucoup moins
» coûteuse, tant au point de vue de la dépense première qu'à celui
» des frais d'exploitation.

» En outre, pour fonctionner, elle ne prend au Canal qu'environ
» **un pour cent** de l'eau que dépenserait une chaine d'écluses
» de la même hauteur totale.

» À l'aide du système on peut passer, dans un temps donné, du
» canal à la rivière, et *vice-versâ,* **dix** fois plus de bateaux qu'avec
» une chaine d'écluses.

» Deux bateaux peuvent passer, en même temps, d'un bief à
» l'autre l'un montant l'autre descendant, en moins d'un *quart*
» *d'heure* ; c'est-à-dire, qu'à la rigueur, on pourrait faire monter
» à la fois 50 bateaux et descendre 50 autres, en 12 heures.

» Le bateau flotte pendant l'ascension et la descente, dans son
» tirant d'eau ordinaire, de sorte qu'il n'est point fatigué par son
» chargement.

» Les bateaux allant dans une direction n'ont jamais à attendre,
» pour passer d'un bief dans l'autre, ceux venant en sens inverse,
» comme l'économie l'exige dans une suite d'écluses.

» Le système peut s'appliquer à des bateaux de toute grandeur;
» à des bateaux à vapeur même d'une certaine dimension, avec
» leur tirant d'eau correspondant.

» Il est surtout avantageux pour la canalisation des rivieres à
» forte pente, sujettes à une grande variation de niveau, et où ia
» navigation a été jusqu'à présent impossible.

» Les diverses pièces du mécanisme du système sont mises à l'abri
» des inconvénients des gelées à l'aide d'appareils spéciaux.

» A l'économie de la dépense première et des frais d'exploitation
» du systeme, comparativement aux écluses qu'il remplace, il faut
» ajouter l'économie de la surface du terrain occupé, laquelle re-
» présente 85 0/0 environ. »

CONTRE-PROJETS

Nous avons examiné, jusqu'ici, les quatre principaux tracés pro-
posés pour le « Canal de jonction de la Garonne à la Loire. »

En réalité, il existe deux Contre-projets qui peuvent être consi-
dérés, l'un, comme un contre-projet des deux tracés sur Candes et
sur Saint-Amand, dont il a pour but de réunir et de fusionner, pour
ainsi dire, les divers intérêts qu'ils représentent ; l'autre, comme
un contre-projet abrégé et restreint du quatrième tracé se dirigeant sur Diou.

Le premier Contre-projet, présenté, comme nous l'avons dit, par
une Conférence Interdépartementale du Sud-Ouest, conservant, en
effet, la ligne principale sur Candes, serait pourvu de quatre em-
branchements, dont deux vers l'Est et deux vers l'Ouest, savoir :

1º De Mansles ou Civray à Limoges :

2º De Civray à Saint-Amand ;

3º De Civray à La Rochelle et à Rochefort, par Niort ;

4º D'Angoulème à Rochefort et à La Rochelle.

Délibération du Conseil général de l'Allier

Dans sa séance du 19 août 1880, le Conseil général de l'Allier,
appelé à délibérer sur ce contre-projet, l'a repoussé à l'*unanimité*,
sur le rapport de l'honorable M. Patissier, par ce motif : que tout
en créant un réseau de voies navigables, assurément utile pour un
certain nombre de départements, le contre-projet ne répondait, en
aucune maniere, au *but* que le législateur s'était proposé, en décré-

tant le principe d'une grande ligne de **Jonction de la Garonne à la Loire.**

Du reste, aucune étude ne paraît avoir été faite, ni commencée sur ce Contre-projet.

Le second Contre-projet est celui indiqué sommairement dans le rapport de l'honorable M. Patissier, à la Commission de la Chambre des Députés, et consistant, dans un canal aboutissant, comme le deuxieme tracé, à Montluçon; *la voie fluviale se prolongeant par la Dordogne jusqu'à Bort, et de là, rejoignant par un canal, à grande section, la ville de Montluçon.*

L'étude de ce tracé a été faite par l'Administration, sous la dénomination de : *Canal de Souillac à Montluçon,* sur la demande du Conseil général de la Corrèze, dans sa session de 1871, ainsi qu'il résulte des rapports émanés de MM. Marie, ingénieur ordinaire, et Cabarrus, faisant, à cette époque, fonctions d'Ingénieur en chef, qu'il remplit aujourd'hui, à la date des 15 septembre et 18 décembre 1872.

Nous ferons remarquer que, dans son avant-projet, M. Marie fait remonter son tracé au-dessus de Bort, et le conduit *jusqu'au bief de partage de Fayas,* suivant l'avant-projet de MM. Blondat et Spinasse, **afin d'assurer l'alimentation suffisante de son canal.** De Fayas, la voie fluviale se détourne à gauche, et se prolonge, en descendant les vallées de la Tarde et du Cher, par une canalisation à section un peu moindre que celle adoptée dans l'avant-projet de MM. Blondat et Spinasse, tantôt en lit de rivière, tantôt en canal, jusqu'à Montluçon.

Les conclusions des rapports de MM. Marie et Cabarrus n'étaient pas définitives, et tendaient plutôt à être défavorables au projet d'un « Canal de Souillac à Montluçon. » Il est vrai, comme le fait remarquer M. Marie, que les instructions de l'Administration pour l'étude de ce projet ainsi restreint, n'ayant et ne pouvant avoir eu l'ampleur des instructions données à MM. Blondat et Spinasse pour l'étude d'un Canal de la Garonne à la Loire, il était difficile que leur étude pût donner des résultats décisifs.

Toutefois, deux faits importants sont à noter dans les rapports de MM. Marie et Cabarrus; d'abord, la puissance d'alimentation, retrouvée et confirmée par eux, du bief de partage de Fayas, situé à 536 kilomètres en contre-haut de l'origine du canal de Berry, à Montluçon; puis, **la possibilité entrevue d'établir, à partir de ce bief de partage, une canalisation sur Montluçon.**

Cette circonstance ne rendrait-elle pas praticable l'*Établisse-*

ment, sur le Canal principal se dirigeant sur Diou, d'un **embranchement** se dirigeant sur Montluçon?

Une semblable solution nous paraît d'autant plus intéressante à étudier, qu'elle serait de nature à donner satisfaction aux intérêts du Département de la Creuse ; en effet, cet embranchement, passant notamment à **Chambon,** où seraient établis une gare et des quais de débarquement, suivant le projet de M. Marie, traverserait çe dernier Département sur une longueur de près de 73 kilomètres (1).

RÉSUMÉ

SOLUTION

En résumé, nous recommandons a la sollicitude du Gouvernement et des Chambres, et nous soutenons, le tracé du **Canal de jonction de la Garonne à la Loire, par les vallées de la Dordogne, de la Sioule et de la Bèbre,** par les motifs énumérés dans la Note préliminaire qui précède la présente Notice.

Que si, l'Administration entendait accorder une satisfaction aux départements intéressés à l'adoption de l'un ou l'autre des trois premiers tracés, elle pourrait concilier, comme nous l'avons dit, tous les intérêts en présence, par l'adjonction du **Canal International,** soutenu par la présente Notice, au Programme de ses grands travaux de Canalisation intérieure.

En outre, afin de ne pas sortir des limites des prévisions budgétaires qui ont servi de base à la loi du 5 août 1879, il lui serait facile de charger l'industrie privée de l'exécution de ce Canal international.

_____

(1) On trouve dans l'Exposé du Projet de loi de 1838, à la suite de la description du Canal de Bordeaux à Bâle, que nous avons donné plus haut, la Note suivante qui nous paraît avoir, dans cette question, un véritable intérêt.

N. B. La jonction de la Dordogne à l'Allier peut encore avoir lieu : 1° par le Chavanon, la Tarde et le canal de Berry ; 2° par le Doustre, la partie supérieure du versant de la Dordogne, le Sioulet et la Sioule, ou par le Doustres, la Tarde et le canal de Berry. Ces différentes directions sont à l'étude. (*Moniteur universel* du 16 février 1838.)

Nous avons la ferme confiance, qu'à raison de **l'intérêt national** engagé dans la question, le Gouvernement pourra compter, à cet égard, sur l'appui des Chambres.

Une Société de capitalistes serait prête à se former, et se chargerait, sur des devis contrôlés et approuvés par l'Administration, et sous la surveillance ordinaire des ingénieurs de l'Etat, de l'exécution du Canal et de son exploitation, à des conditions financières analogues à celles du Syndicat constitué pour l'exécution et l'exploitation des Canaux de l'Est.

« La création des nouvelles voies », dit M. Krantz, dans un de ses rapports, en distinguant les travaux relatifs aux canaux nouveaux des travaux de parachevement des voies navigables existantes, lesquels doivent être laissés aux ingénieurs chargés de l'entretien, « semble, au contraire, devoir être réservée à l'industrie privée.
» Moins embarrassée par les règlements administratifs et finan-
» ciers, plus libre dans ses allures, plus intéressée au prompt
» achèvement des travaux, elle fera certainement plus vite et tout
» aussi bien que l'Etat : on doit donc rechercher les combinaisons
» propres à la faire intervenir utilement. »

L'organisation de la Société pourrait lui permettre, dans ce cas, de se charger, aux mêmes conditions, de deux autres grandes œuvres d'utilité publique vivement réclamées, la première, par le Département de la Dordogne ; la seconde, par les Départements de la Gironde et des Landes. Nous voulons parler du **projet d'irrigation des plaines de la Dordogne**, dont l'Administration a déterminé les bases principales, et du **Canal des Grandes-Landes** par le Maransin (1), prévu par la loi du 5 août 1879.

Le projet de Canal de navigation que soutient cette Notice est conçu de manière à permettre l'irrigation des terrains de la plaine basse de la rive droite de la Dordogne, à la hauteur du canal de Lalinde, point où l'Administration en a placé l'origine ; et, d'un autre côté, il pourra être facilement complété dans les conditions indiquées dans le Projet ministériel, par un canal d'irrigation sur la rive gauche.

---

(1) La région des Landes appelée *Maransin* (*Maris Sinus*) se trouve placée à la rencontre du plan incliné venant de l'Est, avec les premiers contreforts de la chaîne des dunes. Rapport de M. Krantz, du 25 janvier 1873 (*Bassin du Golfe de Gascogne*).

Quant au Canal des Grandes-Landes, qui doit compléter les services rendus par le Chemin de fer de Bordeaux à Bayonne, établi
dans la partie supérieure du pays, les rapports des honorables
MM. Krantz et Pascal Duprat en ont fait comprendre l'importance,
et l'urgence de son exécution, tant au point de vue des populations
de ces contrées qu'au point de vue de l'Etat, propriétaire, sur cette
partie du littoral, d'immenses forêts provenant de la plantation
des dunes. Le défaut de débouchés pour ces richesses forestières,
que ne peut leur fournir le Chemin de fer, occasionne, chaque
année, pour le Trésor et pour la propriété communale et privée,
des pertes considérables, qui s'élèveraient, suivant le rapport de
M. Pascal Duprat, au chiffre de 54 millions, dans une période
de six ans (de 1879 à 1885), si on laissait subsister l'état actuel des
choses.

M. Krantz, dans son rapport, rappelant les travaux de l'ingénieur Deschamps, à propos de ce canal dont il avait fait son
œuvre de prédilection, indique les lignes générales du tracé et les
conditions d'établissement du canal qui aurait une longueur de
214 kilomètres (1), et dont l'exécution n'excéderait pas une dépense
de 32 millions, soit 150,000 fr. le kilomètre. Les études, du reste,
en sont activement poursuivies, sous la direction de M. Chambre-
lent, Inspecteur général des Ponts et Chaussées.

---

(1) « On est naturellement disposé à faire, et l'on a fait depuis longtemps
» contre l'établissement d'un canal au milieu des sables des Landes, une ob-
» jection qui paraît très grave : Ce canal pourrait-il conserver ses eaux?
» ne serait-il pas fortement desséché par l'absorption des terrains avoi-
» sinants?

» Nous ne pouvons mieux faire, pour répondre à cette objection, que de
» citer le passage suivant du Mémoire fait en 1832 par Deschamps. »

En 1826, une portion du canal fut ouverte pour essai, dans la commune de
Bélier (arrondissement de Bordeaux). Cette expérience a parfaitement réussi ;
outre qu'elle a servi à fournir d'utiles renseignements sur la véritable valeur
des ouvrages de terrassements et autres, elle a fait reconnaître une erreur,
trop généralement accréditée, que les sables des Landes étaient impropres à
contenir les eaux. Ce canal, quoique établi dans les sables les plus mobiles,
livré à la foi publique, sans entretien depuis plus de six années et exposé
aux insultes des pâtres de ces déserts, qui ont coupé ou mutilé les arbres
à haute tige dont on l'avait bordé, et ont commis d'autres dégâts, a néanmoins conservé les eaux comme on les y avait introduites après la construction.

« Nous croyons donc pouvoir affirmer que le canal est facile à construire,
» qu'il sera d'une exploitation commode et rendra d'immenses services à
» une contrée aujourd'hui misérable. (Rapport de M. Krantz, du 25 jan-
» vier 1873, à l'Assemblée nationale.) »

L'exemple du canal de Suez est là, d'ailleurs, pour répondre à cette objection.

Ce canal, dont le trafic, seul, paraîtrait, d'ailleurs, pouvoir suffire à l'intérêt et à l'amortissement de son capital de construction, deviendrait le **complément naturel de la grande ligne de navigation internationale de Bordeaux à Bâle;** et il est facile de pressentir que l'importance respective de ces deux lignes s'en accroîtrait dans des proportions considérables.

OBSERVATIONS

Ainsi se trouveraient réalisées, en même temps, ces trois entreprises d'utilité publique, dont les deux principales constituent une partie notable de la grande Œuvre conçue par le Législateur de 1879.

C'est en appelant l'attention des Pouvoirs Publics et des Départements intéressés, sur la possibilité d'assurer, dans un délai relativement court, ces résultats si importants pour la prospérité de notre pays, que nous terminerons ces considérations.

Nous appelons surtout, sur ces Considérations, l'attention particulière de Bordeaux.

Paris ne doit pas être son seul et unique objectif. D'ailleurs, pour le commerce Bordelais, comme pour les approvisionnements de la Grande Capitale, la situation s'est modifiée d'une manière sensiblement favorable, par la loi du 19 juillet 1880, dont l'effet sera de réduire, à partir du 1er janvier 1881, le droit **d'entrée** du Trésor sur les vins, et par suite les droits **d'octroi** de la Ville de Paris, de 60 0/0 environ par hectolitre; soit 20 fr. 25 au lieu de 50 fr. (1)

En présence de ce fait qui constitue une réforme économique, vraiment populaire, il nous semble que la question de tel ou tel *tracé* de Canal, dont la longueur respective du **parcours total sur Paris** est, en définitive, à peu près la même, perd un peu, aujourd'hui, de son importance. Ce sera, nous le pensons, l'avis de la Chambre de Commerce de Bordeaux et du Conseil général

---

(1) Voir à l'*Annexe* E, la lettre de l'honorable M. Wilson, député, Sous-Secrétaire d'Etat aux finances, à l'honorable M. Noel-Parfait, député d'Eure-et-Loir.

de la Gironde, et aussi, nous l'espérons, du Conseil général de la Seine.

Quant à Bordeaux, il doit surtout envisager la situation que lui fait notre Canal, et tourner ses regards vers les Amériques.

Ce dont il doit se rendre compte aujourd'hui, c'est de l'immense mouvement commercial que va déterminer ce grand événement historique du **Percement de l'Isthme de Panama,** qui doit mettre Bordeaux en relation directe avec les pays producteurs du Guano, des Cuivres et des Salpêtres (soit un ensemble d'Importation de 140 mille tonnes en 1879), comme il l'est déjà, avec le Brésil et les Antilles, pour les Cafés et les Sucres, et avec les Etats-Unis, pour les Cotons et les Pétroles.

Placé, par la situation exceptionnelle que lui donnera le **Canal International** que nous soutenons, au centre du mouvement d'Importation et de **transit,** qui devra s'établir entre les Amériques et l'Europe Centrale, Bordeaux doit en prendre infailliblement la part la plus considérable.

Panama sera donc pour Bordeaux, ce que **Suez** est, aujourd'hui, pour Marseille.

C'est là, ce qui contribuera à relever son tonnage de 2 millions de tonnes (2,073,429 t. en 1879), au niveau du tonnage de Marseille, plus de 5 millions de tonnes, (5,355,981 t.), et du tonnage du Havre, plus de 3 millions et demi de tonnes, (3,787,108 t.)

C'est là, en un mot, pour Bordeaux, l'orientation de l'avenir.

———

Voir les Annexes et les deux **Cartes,** indiquant :

1° Les divers *Tracés;*

2° La direction nouvelle ouverte au Commerce par le percement de l'Isthme de **Panama.**

ANNEXES

———

ANNEXE A

Dans l'Exposé des motifs, le Ministre, tout en faisant connaître que l'Administration donne ses préférences à la première des solutions cidessus, c'est-à-dire au tracé par Angoulème, Ruffec et Châtellerault, déclare que « l'Administration n'a point encore arrêté ses vues d'une » manière définitive, et qu'il convient de réserver la question pour le » moment où, après de nouvelles études, le gouvernement présentera » la loi tendant à déclarer l'utilité publique. Il ne s'agit, ici, ajoute » l'Exposé, que de consacrer le principe d'un Canal de jonction entre » la Garonne et la Loire dont l'utilité ne semble pas contestable. »

Les déclarations du Gouvernement à cet égard, dans le sein des Commissions législatives, n'ont pas été moins formelles, ainsi que le constatent les honorables MM. Patissier et Sarrien, dans leurs rapports au nom de la Sous-Commission et de la Commission de la Chambre des députés, tout en appuyant le tracé de Bordeaux à Montluçon par Périgueux et Limoges ; et l'honorable M. Cuvinot, dans un rapport au nom de la Commission du Sénat.

« La Sous-Commission estime, dit M. Patissier dans son rapport, que » non seulement il faut affirmer et consacrer ce principe dont l'utilité » est incontestable (le principe du canal), mais, que pour donner satis- » faction aux intérêts de Bordeaux et de Paris et aux légitimes récla- » mations de dix conseils généraux, il faut, sans indication trop détail- » lées de points intermédiaires, fixer les points de départ et d'arrivée : » Bordeaux et Montluçon, par Limoges, laissant à l'Administration le » soin de rechercher dans ces divers tracés quels seront ceux qui per- » mettront une exécution facile, rapide et économique, tout en respec- » tant les intérêts de ces régions et satisfaisant leurs besoins indus- » triels.

» Ce que la Commission désire, ajoute le rapport, c'est une étude im- » médiate et complète du tracé qui a ses préférences, et dont elle ne » peut, sans ces études, adopter définitivement le classement. »

De son côté, la Commission du Sénat, par l'organe de l'honorable M. Cuvinot, son rapporteur, récapitule dans, la Note annexée au rapport, les tracés indiqués dans l'Exposé des motifs ; et rappelle que le tracé

définitif n'est pas arrêté; « qu'on n'est pas même fixé sur la direction à
» suivre, et que néanmoins on a inscrit, dans les prévisions de dépenses,
» **une somme de 96 millions.** » M. Cuvinot termine ainsi :

« L'Exposé des motifs indique sommairement les objections que l'on
» peut faire contre chacun des tracés.

» L'Administration n'a pas encore arrêté ses vues d'une manière défi-
» nitive ; et le Ministre des Travaux Publics a formellement déclaré, au
» sein de la Commission, que la question est réservée jusqu'au moment
» où de nouvelles études auront permis une appréciation plus com-
» plète.

» La Sous-Commission de la Chambre des députés, ajoute la Note,
» avait insisté en faveur d'un tracé de Bordeaux à Montluçon, par
» Limoges, demandant une étude immédiate de ce tracé.

» La Commission du Sénat a été d'avis, qu'il fallait réserver expressé-
» ment le tracé définitif, et stipuler que la désignation « **de la Loire**
» **à la Garonne** » *n'engageait aucun tracé parmi ceux qui sont en*
» *Présence, ou qu'un examen plus approfondi ferait découvrir.* »

––––––––

Telle est la situation devant le Parlement ; la question de la direction
à donner au Canal est entière, et demeure complètement réservée, ainsi
qu'il résulte de l'accord du Gouvernement et des Chambres. Dès lors
toute liberté est laissée à tous les projets de tracés de se produire ; et
par suite, toute liberté de discuter la valeur de chacun d'eux, au point
de vue du but que s'est proposé le Législateur de 1879, dans l'établissement d'un « **Canal de jonction de la Garonne à la Loire** ».
à savoir : « d'ouvrir un débouché aux voies navigables du Sud-Ouest
» qui sont actuellement privées de communication avec le reste du ré-
» seau. »

ANNEXE B

CANAL DE CHATELLERAULT A ANGOULÊME

Extrait du rapport de M. KRANTZ *à l'Assemblée Nationale, du
26 juillet 1873 :*

« Le Canal à ouvrir remonterait, depuis Châtellerault, la rive gauche
» de la Vienne, prendrait la vallée du Clain, et la suivrait jusqu'à huit
» kilomètres en amont de Vivonne ; franchirait le faîte près du village
» de Romagne et irait, à deux kilomètres en aval de Civray, gagner la
» vallée de la Charente, dont il suivrait le flanc droit, jusque sous les
» murs d'Angoulême, où il se soudrait au fleuve.

» Décrit par Brisson, ce canal serait assez facile à établir sur les deux

» versants; mais la traverse du faîte et l'alimentation du bief de par-
» tage exigeraient des travaux considérables.
» On ne peut guère évaluer le prix de cet ouvrage à moins de 250,000 fr.
» le kilomètre, soit, pour les 200 kilomètres, 50 millions. »

Le canal se continuerait depuis Chatellerault, en descendant la Vienne
et en suivant le tracé de M. Dingler, jusqu'à Candes.

Le raccordement des ports de La Rochelle et de Rochefort serait
obtenu au moyen des dispositions du projet de M. Dingler; c'est-à-dire
pour le premier de ces ports, par l'amélioration de la Sèvre-Niortaise,
entre Niort et Marans, par la canalisation du cours supérieur de cette
rivière, et par un canal aboutissant au bief de partage de Champagné-
le-Sec; et pour Rochefort, par la Charente, améliorée dans le sens des
prévisions de la loi.

Dans son rapport du 21 janvier 1874, M. Krantz indique pour le raccordement de La Rochelle, au canal d'Angoulème à Châtellerault, à peu.
près le même tracé que celui indiqué par M. Dingler :

« Cette voie navigable, dit-il, composée pour les deux tiers de ri-
» vières canalisées et pour un tiers de canal, ne coûterait pas plus de
» 150.000 fr. le kilomètre, soit, pour 70 kilomètres, 10,500,000 fr. »

Quant au raccordement de Rochefort, M. Krantz l'obtient également
par l'amélioration de la navigation de la Charente, notamment entre
Angoulême et Saintes; et une somme de 1,000,000 de fr. lui paraît devoir suffire pour faire de cette rivière *une voie de transport très conve-
nable.*

M. Krantz ajoute à cette amélioration celle d'un curage à vif fond de
la Boutonne, affluent de la rive droite de la Charente, qui pourrait
amener cette rivière à un mouillage de 2 mètres dans toute la partie
située à l'aval de Saint-Jean-d'Angély. Outre l'avantage que la navi-
» gation tirerait de ce travail, l'agriculture y trouverait aussi son
» compte, car il permettrait d'assécher *trois mille hectares* de marais.
» aujourd'hui improductifs et très malsains. Une dépense de 200,000 fr..
» consacrée à ce curage, nous paraîtrait, dit-il, complétement justifiée. »

Une autre amélioration conseillée par M. Krantz, et qui mérite d'être
signalée, à propos des ports de Rochefort et de La Rochelle, est celle-ci :

« Les deux vallées de la Loire et de la Charente, dit-il dans ce même
» rapport du 21 janvier 1874, n'ont aujourd'hui de communication par
» eau, qu'à l'aide de la mer. Mais outre que cette voie est dangereuse.
» même en temps calme, pour les bateaux de rivière, elle devient im-
» praticable à la moindre agitation ; et enfin, les accidents de guerre,
» qu'il faut toujours prévoir, peuvent en interdire l'emploi. Il y aurait
» lieu, à notre avis, pour parer à toutes les éventualités et *permettre
» en tous temps et en toutes conditions, les échanges de matériel entre
» Rochefort et La Rochelle,* de réunir ces deux ports, à une certaine dis-
» tance du littoral, par une bonne voie navigable, ouverte avec un mouil-
» lage *minimun* de 2 mètres. Un canal qui réunirait la Boutonne prise
» à Tonnay, au Mignon pris à Mauzé, opérerait cette utile jonction; il
» n'aurait pas plus de 20 kilomètres de longueur et coûterait environ
» 3.000.000 fr. »

L'ensemble des dépenses de ces divers travaux s'élèverait, ainsi qu'on le voit, à un chiffre d'environ 64 à 65 millions de francs.

La question du raccordement de Rochefort et de La Rochelle au réseau de nos voies navigables, et même du raccordement de ces deux ports entre eux, peut donc être résolue sans qu'il soit nécessaire de compromettre, par un canal de Bordeaux à Candes, les véritables intérêts généraux du pays à desservir par le « Canal de jonction de la Garonne à la Loire. »

ANNEXE C

Extrait du rapport de M. KRANTZ *à l'Assemblée Nationale sur les canaux de l'Est, en date du 9 mars 1874 (n° 2271) :*

« L'Allemagne a projeté et entrepris l'exécution d'un puissant réseau
» destiné à réunir la Vistule à la Sprée, à l'Elbe et au Weser, le Rhin
» au Danube, et ce dernier fleuve à l'Oder et au Mein.

» Cet immense réseau, qui ne comprendra pas moins de 3,550 kilo-
» mètres, et qui coûtera près d'*un milliard*, non seulement est projeté,
» mais est en voie d'exécution, et il est poussé avec une activité facile à
» comprendre, si on tient compte des services qu'il est appelé à rendre
» à l'Allemagne.

» Dans ce réseau, il est une partie qui nous intéresse plus particu-
» lièrement ; c'est celle qui réunit le Danube au Rhin et à la mer du
» Nord ; elle touche en plusieurs points à la Suisse, à la Belgique, à la
» Hollande, et nous enveloppe d'une ceinture continue de voies navi-
» gables.

» Si nous ne nous mettons très promptement en mesure de recons-
» tituer, sur notre territoire, les canaux que nous avons perdus sur la
» frontière de l'Est, les produits de la Belgique, de la Hollande, de l'An-
» gleterre, arriveront dans le Midi de l'Allemagne sans emprunter notre
· territoire. Ceux de l'Orient et de l'Asie pénétreront par le Danube
» jusqu'à nos portes. Non seulement nous perdrons le bénéfice d'une
» situation que, jusqu'à ce jour, on avait pu considérer comme excep-
» tionnelle, mais encore nous aurons besoin de nous envelopper d'une
» ceinture de douanes, pour nous protéger contre cette invasion, et con-
» server à nos beaux ports du Havre et de Marseille, la clientèle de notre
» propre territoire.

» Il suffit de jeter les yeux sur la Carte pour voir combien est grand
» le danger qui nous menace. »

Or, le danger, signalé par l'honorable M. Krantz, pour le Havre et Marseille, menace d'une manière aussi grave Bordeaux, qui ne pourra y échapper que par le **Canal International** soutenu par cette Notice.

D'un autre côté, dans un article intitulé : *Marseille et le Commerce de la France*, le journal *La France* dit, dans son numéro du 23 octobre 1880 :

« Marseille n'est pas encore unie au Rhône par un canal de navigation
» intérieure; et, pendant qu'Anvers dresse de magnifiques quais sur
» l'Escaut, que Rotterdam prépare un canal latéral à la Meuse, qu'Ams-
» terdam, non contente d'être allée rejoindre la mer du Nord par une
» coupure directe, va encore se relier au Rhin par un canal, et gagner,
» par là, le centre de l'Europe, le Département des Travaux Publics en
» France hésite à se prononcer en faveur du canal de Marseille au Rhône.
» que le Département des Bouches-du-Rhône, la Commune et la Chambre
» de Commerce de Marseille réclament, depuis des années, avec une in
» sistance toute patriotique. »

ANNEXE D

TABLEAU DECENNAL DE 1867 A 1876

Commerce général de la France avec la Suisse. — Importations et exportations réunies. — Valeurs exprimées en millions.

Moyenne décennale de 1867 à 1876 : 701.

1869	1870	1871	1872	1873	1874	1875	1876
755 3	676.6	419.6	753.5	773.4	742.4	723.1	714.9

En 1879. notre Commerce général, importations et exportations réunies, *par mer* et *par terre*, avec les puissances étrangères et nos colonies. s'est élevé à **9.849 millions**, représentant 26 millions de tonnes environ (25,797,475 t.), dont 20 1/2 millions de tonnes en importations (20,474,452 t.), pour une somme de 5,500 millions (5,579.3), et 5 1/2 millions de tonnes (5,323,222 t.) en exportations, pour une somme de 4.200 millions (4,269.3).

Dans ce mouvement du Commerce général, le Commerce *par terre*, importations et exportations réunies, est compris pour 3,132 millions 9, soit pour plus du tiers du Commerce général ; 1,692 millions 8, en importations, et 1,440 millions 1, en exportations.

Or, la Suisse figure, dans le Commerce *par terre*, pour 717 millions ; 346 millions 5, dans nos importations, 370 millions 7. dans nos exportations ; soit pour le **quart**. environ, de notre Commerce général *par terre* (soit 23 0/0 sur 3,132 millions 9 ; 20 1/2 0/0, dans nos importations, et 26 40 0/0, dans nos exportations).

Dans le mouvement du Commerce général de la France. avec les Puissances étrangères et ses colonies (57 pays, d'après la nomenclature du

Tableau général), la Suisse, comme rang d'importance, occupe le **sixième** rang dans nos importations, le **septième** et le **cinquième** dans nos exportations.

Quant à notre *transit*, il est plus considérable avec la Suisse qu'avec aucun autre pays, sauf avec l'Angleterre, et seulement pour la *Valeur* des marchandises transitant, en destination pour les ports de cette dernière Puissance.

Notre transit avec la Suisse s'est élevé :

Pour les marchandises venant
de la Suisse, à............... 24.000 t. représentant 240 millions.
Pour les marchandises à desti-
nation de la Suisse, à......... 170.000 — 131 —

Parmi les marchandises en destination pour la Suisse. on remarque :

Les Céréales, pour.............. 113.000 t.
Les Cafés..................... 3.900
Les Pétroles.................. 2.770
Les Laines et Déchets........... 476
Les Fontes, Fers et Aciers...... 5.700
Bestiaux (25,500 têtes)......... 6.500
Cotons en laine................ 4.000
Cacao......................... 500
Sucres raffinés............... 340

On remarque encore que, sur les marchandises entrées par le bureau de Douane de Bordeaux :

81 t. environ sont sorties par le bureau de Pontarlier.
885 — de Bellegarde.
827 — de Marseille.
676 — de Hendaye.
575 — de Cette, etc., etc.

Sur les marchandises entrées par le bureau du Havre :

1365 t. environ, sont sorties par le bureau de Pontarlier.
956 — de Bellegarde, etc., etc.

ANNEXE E

M. Noël Parfait, député d'Eure-et-Loir, a reçu la lettre suivante de M. le sous-secrétaire d'Etat aux finances :

Paris, le 9 décembre 1880.

Monsieur le député et cher collègue,

Vous avez appelé mon attention sur ce fait, que le service de l'octroi de Paris exige de toute personne introduisant du vin dans cette ville un droit de 0 fr. 50 par litre.

Cette perception est faite conformément au tarif légal actuellement en vigueur pour les vins en bouteille (les vins en cercles ne payent que 0 fr. 23 par litre). Ce tarif est, en effet, fixé de la manière suivante :

Octroi (Ville de Paris) 30 fr. par hectolitre (décimes compris) ; entrée (Trésor) 20 fr. par hectolitre (décimes compris). Total, 50 fr. par hectolitre. Soit, 0 fr. 50 par bouteille.

Mais, à partir du 1er janvier prochain, la taxe perçue au profit du Trésor sera réduite à 8 fr. 25 par hectolitre *tant en cercles qu'en bouteilles* (art. 3 de la loi du 19 juillet 1880), et les introducteurs ne payeront plus, dès lors, en ce qui concerne les bouteilles, que

30 fr. de droit d'octroi

et   8 fr. 25 de droit d'entrée.

Total. . . 38 fr. 25

soit, 0 fr. 38,25 par bouteille.

En outre, et conformément aux conclusions d'un rapport de la régie des Contributions indirectes, en date du 2 de ce mois, le Ministre a proposé au Conseil d'Etat de supprimer la taxe différentielle que perçoit la Ville de Paris, et de fixer le droit d'octroi au tarif unique de 12 fr. par hectolitre (taxe, surtaxes et décimes). Si cette proposition est accueillie par le Conseil d'Etat, les vins, *tant en cercles qu'en bouteilles*, n'auront plus à payer, à partir du 1er janvier 1881, que les droits suivants :

Octroi (Ville de Paris) . . .   12 fr. » par hectolitre.

Entrée (Trésor)   8   25   —

Total. . . . .   20 fr. 25   —

soit, 0 fr. 20,25 par bouteille.

J'ajoute, monsieur le député et cher collègue, que, d'après le règlement de l'octroi de Paris, la bouteille inférieure au litre et la demi-bouteille sont assimilées au litre et au demi-litre, pour les liquides, autres que les esprits et liqueurs.

Agréez, monsieur le député et cher collègue, l'assurance de ma haute considération.

Le sous-secrétaire d'Etat, membre de la
Chambre des députés,
WILSON.

Paris — Imp Schiller 10, faub. Montmartre

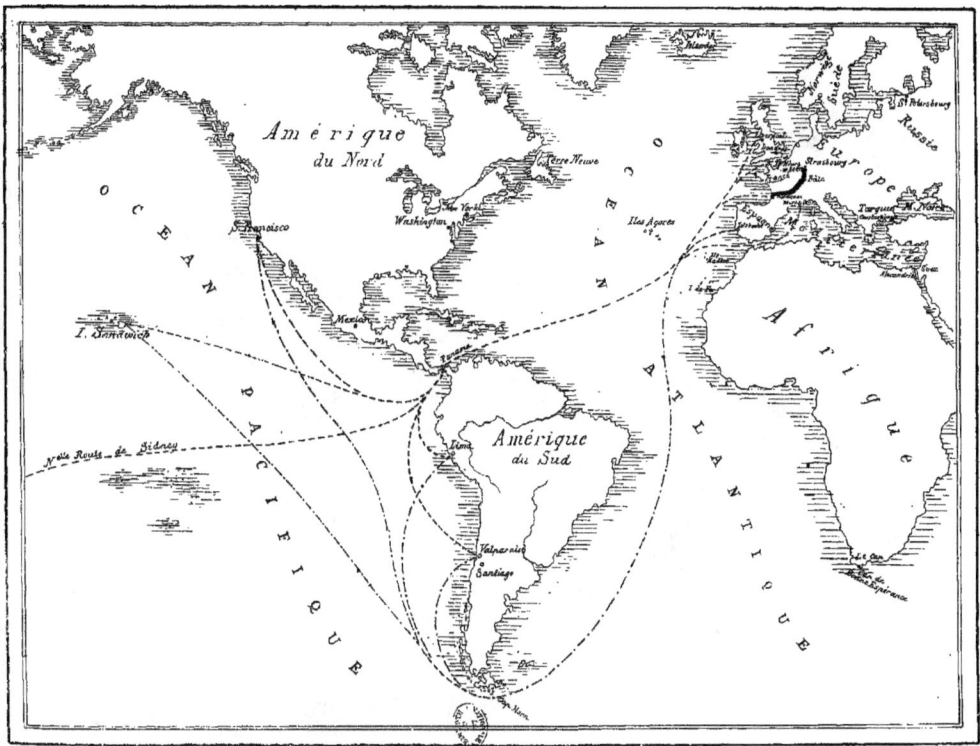

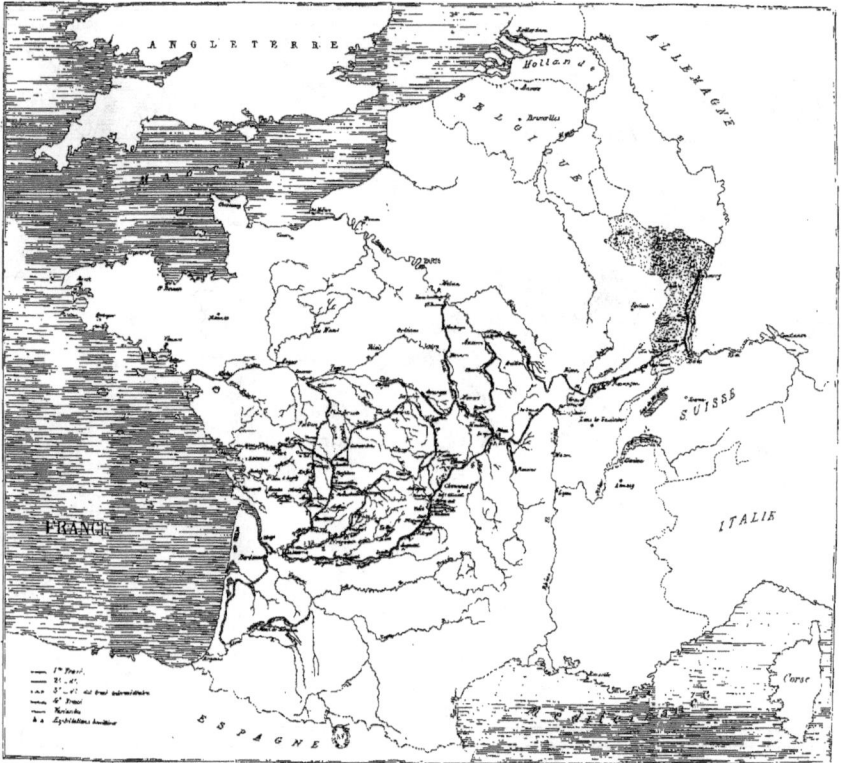

www.ingramcontent.com/pod-product-compliance
Lightning Source LLC
Chambersburg PA
CBHW070840210326
41520CB00011B/2287